Rischio tumori da 5G

Ciò che gli scienziati non ci dicono

Achille De Tommaso

Copyright © 2012 Achille De Tommaso 2021
Propirtà letteraria riservata
Memorizzazione, riproduzione e traduzione anche parziali
vietate senza autorizzazione dell'autore
Codice ISBN: 9798582841210
Casa editrice: Independently published

Dedico questo libro a mia moglie Liliana e alle mie figlie
Angela e Paola

INDICE

INTRODUZIONE p.7

CAPITOLO I p.9

LA NON OGGETTIVITA' DELL'OPINIONE SCIENTIFICA ODIERNA

1. come viene data autorevolezza scientifica ai ricercatori: il processo di revisione tra pari (la peer review) p.10

CAPITOLO II p. 16

IL 5G: SU BASI SCIENTIFICHE, UNO STUOLO DI SCIENZIATI E RICERCATORI, RITIENE CHE I RISCHI SIANO CONSIDEREVOLI PER LA SALUTE. MA LE LORO EVIDENZE NON SONO PRESE IN CONSIDERAZIONE.

1. rischio tumori dal 5g. i telefoni cellulari e la tecnologia wireless non diventino il prossimo amianto! p.17
2. col 5g saremo irradiati anche da onde elettromagnetiche provenienti da 20.000 satelliti p.27
3. danni biologici da 5g: effetto termico, principio di

precauzione e conflitti di interesse p.40
4. corsa al 5g: gara olimpica o incontro di calcetto? p.56
5. perché la ricerca 6g inizia prima di avere il 5g p.63
6. gli studi sui danni da radiazioni 5g sono stati influenzati dalle industrie p. 68

CAPITOLO III p.74

COME POLITICA E MEDIA INFLUENZANO SCIENZA E TECNOLOGIA

1. ci sono incendi di destra e incendi di sinistra? p.76
2. Techlash: i social media sono orientati a sinistra p.86
3. disturbi dei media: la apparente prossimità ideologica dei cittadini e dei giornalisti p.92
4. i docenti universitari sono quasi tutti di sinistra? p.100

CAPITOLO IV p.106

LA POLITICA CONTINUERA' A INFLUENZARE LA SCIENZA?

1. ripensare il rapporto tra politica e scienza e tra cultura e tecnologia p.108

RINGRAZIAMENTI

Desidero ringraziare gli editori di NEL FUTURO e di KEY4BIZ che, nel corso degli anni, hanno pubblicato miei articoli da cui sono tratti alcuni paragrafi di questo libro.

INTRODUZIONE

I campi della comunicazione politica in generale, e degli effetti mediatici in particolare sono ampi, profondi, metodologicamente sofisticati e centrali per le scienze e le tecnologie.

Essi coprono la persuasione, la definizione dell'agenda politica, la formazione degli atteggiamenti del pubblico verso il privato, la diffusione dell'opinione pubblica, il controllo delle informazioni,, la definizione dei problemi che emergono; e numerosi altri argomenti.

Un buon esempio di come media e politica possano influenzare scienza e tecnologia è dato da 5G; con le controverse argomentazioni politiche circa la possibile causa di tumori. Non c'è consenso scientifico sul tema; e talvolta il consenso è sospetto. Un gran numero di scienziati nega danni biologici da 5G; ma senza aver condotto sperimentazioni. E questi possono veramente essere definiti scienziati? Il vero scienziato fa sperimentazioni, raccoglie dati e li condivide con una moltitudine di colleghi; anche con quelli che hanno pareri contrastanti. Sul 5G non ci sono sperimentazioni che escludano il danno biologico; ce ne sono invece che lo paventano; ma, per ora, sono state solo eseguite su ratti. E su questi animali vengono sperimentati un gran numero di medicinali progettati per l'uomo. Pertanto esiste una credibilità scientifica circa il rischio di danni biologici da 5G. I temi tecnico-scientifici sono sempre ripresi da politica e media; sono in grado di formare e forzare una forte opinione pubblica e di pilotare, quindi, l'agenda politica. A proposito dei media, illustrerò in questo libro la diffusa focalizzazione politica degli stessi; che li fa tendere, spesso, a dire la verità, ma non necessariamente tutta quella che sarebbe proponibile come verità scientifica..

Ma, prima di trattare i temi siddetti, indugerò a descrivere il processo di validazione scientifica a mezzo pubblicazioni che adottano la revisione tra pari (peer review); che, oggi, in un'epoca di alta complessità dei temi trattati, è considerato il metodo più adatto per la ricerca di una verità scientifica; e per dare autorevolezza ai lavori conseguenti. Con il problema che, essendo questo processo gestito da esseri umani, come vedremo, non è esente da errori; e, al limite, da manipolazioni.

CAPITOLO I

LA NON OGGETTIVITA' DELL'OPINIONE SCIENTIFICA ODIERNA

QUALSIASI INFORMAZIONE TECNICO-SCIENTIFICA RELATIVA ALLE CONDIZIONI FUTURE DEI SISTEMI NATURALI E SOCIALI PRESENTA INCERTEZZE DI CUI I CITTADINI DOVREBBERO ESSERE CONSAPEVOLI. ALCUNE DELLE PRINCIPALI FONTI DI INCERTEZZA (AD ESEMPIO) RELATIVE AGLI IMPATTI DEI CAMBIAMENTI CLIMATICI E ALL'ADATTAMENTO INCLUDONO (EEA 2017):

a. *Errori di misurazione derivanti da strumenti di osservazione imperfetti*

b. *Errori di aggregazione derivanti da una copertura di dati temporali e/o spaziali incompleta;*

c. *Variabilità naturale risultante da processi naturali imprevedibili*

d. *Limitazioni del modello derivanti dalla risoluzione limitata dei modelli, una comprensione incompleta dei singoli componenti del sistema Terra. una comprensione incompleta del sistema ambientale o sociale in esame .*

e. *Lo sviluppo futuro di fattori socioeconomici, demografici, tecnologici e ambientali.*

f. *I futuri cambiamenti nelle preferenze sociali e nelle priorità.*

1. COME VIENE DATA AUTOREVOLEZZA SCIENTIFICA AI RICERCATORI: IL PROCESSO DI REVISIONE TRA PARI (LA PEER REVIEW)

La scienza odierna valida le proprie teorie a mezzo di processi di "condivisione". In un successivo paragrafo ("Scienza del clima e consenso", Cap.III-para 2.) approfondirò meglio alcune conseguenze negative dei processi di "condivisione" nella Scienza. In questo paragrafo illustro, invece, in maniera puramente tecnica, un esempio di questi processi. Desidero comunque, qui, introdurre però il concetto di un doveroso pensiero di sorpresa di fronte a una "Scienza che si esprime per condivisioni". Parrebbe infatti, in linea di principio, che questo processo rappresenti un certo rinunciare, da parte della Scienza, ad esprimere dati oggettivi. Quasi una ricerca da parte dello scienziato, di chiedere conferma di essere nel giusto. Come a voler dire:" siamo in tanti a pensarla così, quindi questa mia opinione deve essere vera". Siamo consci che, Galilei, quando osò condividere le sue opinioni con la comunità scientifica dell'epoca fu minacciato di morte se non avesse abiurato: eppure, nonostante le critiche possibili, il processo di condivisione è comunque considerato il più valido e rigoroso per la validazione di teorie scientifiche.

Oggi è proprio così: i processi di comunicazione e approvazione di dati sperimentali, o opinioni scientifiche, per poter essere considerati autorevoli, sono di norma pubblicati su riviste scientifiche; e, prima di essere pubblicati, devono essere sottoposti ad un processo di critica accurata, che coinvolge parte (e spesso gran parte) della comunità scientifica interessata. Ovviamente ci sono dei vantaggi nell'uso di questo processo.

Questo processo viene comunemente denominato PEER REVIEW; tradotto in italiano in REVISIONE TRA PARI.

In seguito, nel para. 2. del Cap.III, mi soffermerò a valutare alcuni aspetti di questo processo di revisione; considerando come, talvolta, esso possa essere manipolato per scopi non puramente scientifici.

Qui di seguito, illustro sommariamente le fasi di un esempio di questo processo, per mostrare quanto complesso esso sia; e suggestivo di affidabilità, vista la rigorosità con cui, in linea di principio, viene applicato. Peccato che sia gestito da esseri umani, che, come sappiamo, non sono indenni da "imperfezioni".

Il processo di una rivista scientifica che ho preso in esame si suddivide in varie fasi:

Presentazione del manoscritto originale e incarico di redazione

I manoscritti originali sono inviati elettronicamente e assegnati a un coeditore che copre le aree tematiche pertinenti della rivista scientifica.

Revisione dell'accesso

Al coeditore viene chiesto di valutare se il manoscritto rientri nell'ambito di applicazione della rivista e se soddisfi una qualità scientifica di base. Se necessario, i coeditori possono chiedere supporto ad arbitri indipendenti di loro scelta. Possono suggerire anche correzioni tecniche (errori di battitura, chiarimento dei dati, grafici ecc.). Ulteriori richieste di revisione dei contenuti scientifici non sono consentite in questa fase del processo di revisione, ma verranno ad essere espresse nella discussione interattiva che segue.

Correzioni tecniche

Gli autori hanno l'opportunità di eseguire correzioni tecniche, che possono essere riviste dal coeditore per verificare le correzioni richieste e prevenire ulteriori revisioni, che non sono consentite in questa fase.

Discussione aperta (8 settimane circa). E' il cuore del processo.

Dopo l'accettazione del manoscritto per la revisione pubblica tra pari, esso appare come documento di discussione. La fase di discussione rappresenta un'opportunità unica per tutti gli interessati, per impegnarsi in un processo riflessivo iterativo e di sviluppo dei concetti esposti. Durante questa fase, commenti interattivi vengono esposti e pubblicati da arbitri designati e da tutti i membri interessati della comunità scientifica. Tutti i partecipanti sono incoraggiati a stimolare ulteriori opinioni, o, semplicemente, a difendere la propria posizione. Questo processo di ottimizzazione viene offerto per massimizzare l'impatto dell'articolo. Normalmente, ogni documento di discussione riceve almeno due commenti di arbitri. Gli autori sono invitati a svolgere un ruolo attivo nel dibattito, pubblicando i loro commenti come risposta ai commenti degli arbitri e a quelli della comunità scientifica; in maniera rapida, al fine di stimolare ulteriori discussioni da parte degli scienziati interessati.

Risposta finale

Dopo la discussione aperta, gli autori dovrebbero pubblicare una risposta a tutti i commenti entro circa 4 settimane; nel caso in cui non lo abbiano fatto durante la discussione aperta. Il co-editore può anche pubblicare ulteriori suoi commenti o raccomandazioni. Normalmente, tuttavia, le raccomandazioni e le decisioni editoriali formali devono essere prese solo dopo che gli autori hanno avuto l'opportunità di rispondere a tutti i commenti; se ne hanno bisogno, possono richiedere una consulenza editoriale prima di rispondere.

Presentazione del manoscritto revisionato

La presentazione di un manoscritto revisionato secondo il processo illustrato, è prevista solo se gli autori hanno affrontato in modo soddisfacente tutti i commenti e se il manoscritto rivisto soddisfa gli standard di qualità della rivista. In caso di dubbio, gli autori devono consultare il coeditore (se ad esempio nutrono dubbi circa la presentazione del manoscritto revisionato).

Completamento della revisione tra pari

Dopo la revisione tra pari e la discussione pubblica interattiva, l'editore può ancora accettare o rifiutare la pubblicazione del manoscritto revisionato; allo scopo può di nuovo consultare gli arbitri: come durante il completamento del processo di revisione tra pari. Se necessario, possono essere richieste ulteriori revisioni fino al raggiungimento di una decisione finale in merito all'accettazione, o al rifiuto.

Pubblicazione del documento finale rivisto

In caso di accettazione, il documento finale viene

pubblicato in maniera cartacea e/o sul sito web della rivista. Assieme al manoscritto vengono inoltre pubblicati tutti i rapporti e commenti degli arbitri e dei coeditori, le risposte degli autori, nonché le diverse versioni manoscritte del completamento della revisione tra pari. Tutte le pubblicazioni (documento di discussione, commenti interattivi, documento finale rivisto) sono archiviate in modo permanente e rimangono accessibili al pubblico via Internet; e anche i documenti finali revisionati sono disponibili come copie stampate oppure elettroniche.

Anche dopo la pubblicazione é incoraggiata la presentazione di commenti e risposte che continuino la discussione dell'articolo; anche oltre i limiti della discussione interattiva, che ha portato alla pubblicazione. Tali commenti sono essi stessi sottoposti a peer review e pubblicazione, con lo stesso processo sopra descritto: dopo la pubblicazione dell'articolo, possono anche essere essi stessi pubblicati se sufficientemente sostanziali.

Se un manoscritto non è accettato per la pubblicazione, gli autori hanno poi diverse opzioni per ricorrere contro la decisione.

E' da notarsi che, assieme al testo dell'autore, in genere, vengono anche pubblicati i commenti di autori, arbitri, coeditore e comunità scientifica.

Tutti i commenti sono citabili, impaginati e archiviati.

Vi ho mostrato un esempio di panoramica su come la comunità scientifica attribuisce di norma autorevolezza agli scienziati. E sulla base di questa autorevolezza, si concedono finanziamenti, cattedre, posizioni di vertice in aziende pubbliche, e così via.

CAPITOLO II

I RISCHI DEL 5G:
SULLA BASE DI DATI SCIENTIFICI: UN GRANDE NUMERO DI SCIENZIATI E DI RICERCATORI, RITIENE CHE I RISCHI SIANO CONSIDEREVOLI PER LA SALUTE. MA LE LORO EVIDENZE NON SONO PRESE IN CONSIDERAZIONE.

"L'incertezza scientifica è un concetto complesso che può essere descritto in più modi e la sua considerazione nel supporto decisionale si è evoluta nel tempo. Alcune descrizioni rilevanti dell'incertezza includono uno stato di conoscenza incompleta che può derivare da una mancanza di informazioni o da disaccordo su ciò che è noto o addirittura conoscibile. Può avere molti tipi di fonti, dall'imprecisione nei dati a concetti o terminologia definiti in modo ambiguo", (Refsgaard et al. 2007). *O, aggiungo, da conflitti di interesse. Eppure i danni biologici da radiazioni elettromagnetiche sono comprovati ed accettati da tempo da tutta la comunità scientifica. Essi sono determinati in funzione:*

Della frequenza delle radiazioni

Dalla distanza dalla sorgente di radiazioni

Dal tempo di esposizione alla radiazioni

Dalla modalità con cui le radiazioni sono emesse.

Le controversie scientifiche sul tema, come vedremo, si basano sull'interpretazione di questi quattro punti.

1. RISCHIO TUMORI DAL 5G. I TELEFONI CELLULARI E LA TECNOLOGIA WIRELESS NON DIVENTINO IL PROSSIMO AMIANTO!

Le radiofrequenze dei cellulari hanno altissima probabilità di essere cancerogene. Ma i "negazionisti" del rischio non affermano che non vi sia pericolo: dicono solo che non vi sono abbastanza evidenze. Ma queste evidenze, come vedremo, ci sono e sono scientificamente provate.

Finora l'attenzione pubblica sul 5G si è concentrata soprattutto sui piani delle compagnie di telecomunicazioni per installare milioni di piccole torri cellulari su pali elettrici, su edifici pubblici e su scuole, su fermate dell'autobus, in parchi pubblici e ovunque altro.

Pochissima attenzione è stata dedicata ai possibili danni per la salute che ne riceveranno i cittadini.

Di allarmi per danni alla salute, causati da onde radio, ve ne sono stati parecchi in passato, e, in vari casi, i danneggiati hanno vinto cause nei tribunali. Ma col 5G il pericolo aumenta, e difficilmente può essere scongiurato. Ma aumenta anche il silenzio da parte di media e organizzazioni ambientaliste. Le industrie, ovviamente, negano il danno. Gli interessi in gioco sono enormi: una guerra USA-Cina (con Europa che sta a guardare), i costruttori che si preparano a produrre apparati sempre più sofisticati e lavorano agli standard; gli operatori che preparano reti e test per le comunicazioni, che coinvolgono IoT, Industry 4.0 e AI. Ultimi, ma non ultimi, i Governi, che hanno venduto profumatamente le frequenze. Il tutto basta e avanza per far tacere media e ecologisti di turno.

Le frequenze per il 5G saranno più alte di quelle per il 4G (soprattutto le millimetriche), la densità di irraggiamento di onde radio che si permetterà col il 5G si innalzerà fino a 61V/m massimi, contro i 6 V/m massimi del 4G. Le onde di lunghezza molto più breve utilizzate per il 5G (700-3700 Mhz e 26 Ghz-millimetriche) renderanno necessario installare un maggior numero di antenne, rispetto al 4G, anche se più piccole. Nelle zone urbane ci potrebbe essere una cellula circa ogni 100 metri lungo ogni strada.

Oltre all'irraggiamento da queste antenne, e dalle eventuali stazioni di terra, come vedremo nel prossimo paragrafo, vi sarà quello di migliaia di satelliti: il numero totale di satelliti che dovrebbero essere messi in orbita bassa e alta da diverse compagnie è di 20.000.

Mentre per il 4G una buona protezione da radiazioni si ottiene allontanando lo smartphone dalla testa e dagli organi riproduttivi, le onde del 5G saranno ricevute e trasmesse da nuove apparecchiature informatiche, elettrodomestici, automobili, videogames, sensori tattili, ecc. E sarà quindi difficile allontanarle dal corpo.

La comunità scientifica lancia allarmi da anni

Grande silenzio, invece, sui rischi da parte di media e "attivisti ecologici", ma grandi e ripetuti allarmi da parte degli scienziati, volti a sensibilizzare le istituzioni sui pericoli del 5G per la salute

Nel 2018, fu indetta una petizione negli USA, indirizzata all'ONU, all'OMS, all'UE, al Consiglio d'Europa e ai governi di tutte le nazioni per fermare lo sviluppo del 5G . Al 29 marzo 2019 è stata firmata da 64.000 persone, tra cui 10 scienziati di varie nazioni (1).

Ma già nel 2013, 215 scienziati provenienti da 40 paesi diversi firmarono un appello (2), rivolto all'ONU. I firmatari sono studiosi degli effetti di "radiazioni non ionizzanti" (quelle radio) sul corpo umano; la petizione chiedeva protezione internazionale dall'esposizione a campi elettromagnetici non ionizzanti, i cui effetti includono, ma non sono limitati a: "aumento del rischio di cancro, stress cellulare, danni genetici, cambiamenti del sistema riproduttivo, disturbi neurologici, eccetera ". Tutte affermazioni scientificamente circostanziate e pubblicate su letteratura scientifica; ma inascoltate. Poi, nel settembre 2017, 170 scienziati di 37 nazioni hanno ripetuto lo stesso appello (3) ; sempre inascoltato.

Mentre, poi, nel dicembre 2018, il sindaco Sala candida Milano ad essere la capitale europea del 5G, non c'è alcuna menzione sulla stampa della moratoria richiesta dai 170 scienziati nel 2017, cui faccio riferimento al link (4), e rilanciata da ISDE Italia (International Society of Doctors for Environment) al nostro Governo a settembre 2017 (5). Tutto passato sotto grande silenzio sia dalla stampa che dagli attivisti ecologici.

E sulla stampa abbiamo letto anche poco del blocco alle sperimentazioni 5G di Bruxelles il 1mo aprile 2019, con la dichiarazione della ministra belga per l'ambiente Céline Fremault : "C'è l'impossibilità di valutare le emissioni delle antenne utilizzate dagli operatori e quindi mancano informazioni tecniche e scientifiche sul comportamento dei corpi delle persone soggette a queste più elevate radiazioni; e quindi decreto il blocco alle sperimentazioni".

Interessante anche una lettera aperta del settembre 2017 (6), del dott. Martin Pall, scienziato esperto di biochimica dei campi elettromagnetici presso la Washington State University. Egli sosteneva che ci sono gravi effetti biologici e sulla salute in genere, compreso un aumento del rischio di cancro tramite mutazioni del DNA, a causa dell'esposizione a reti 5G. La lettera è interessante, anche perché sostiene che la FCC è una "agenzia lobbizzata" soggetta ai poteri e alla volontà del settore stesso che dovrebbe regolamentare. Il che ci fa dubitare in genere dell'opinione di molte istituzioni scientifiche e di regolamentazione: perché le prime sono finanziate spesso dalle aziende e le seconde sono soggette ai poteri forti.

Nel settembre 2018, il consiglio comunale di Mill Valley (2), in California, ha votato per bloccare lo sviluppo di torri 5G e cellule relative, in aree residenziali in quanto provocano "gravi effetti negativi sulla salute e sull'ambiente causati dalle radiazioni a microonde emesse da queste torri e cellule per il 4G e il 5G".

Cito a questo punto una delle poche risposte ufficiali che si leggono riguardo a queste petizioni: secondo (7) il "Centers for Disease Control and Prevention", il pericolo è sovrastimato, "Non esiste alcuna prova scientifica che fornisca una risposta definitiva a questa domanda – afferma il Centro - Sono necessarie e sono in corso ulteriori ricerche prima di sapere se l'uso dei telefoni cellulari provochi effetti sulla salute". (Quindi, non riteneva che fosse garantito che non vi siano danni; diceva solo che alcuni studi sono in corso). Da notarsi che, allo stesso link, si legge: "Gli scienziati stanno esaminando un possibile collegamento tra l'uso del telefono cellulare e alcuni tipi di tumore. Un tipo è chiamato neuroma acustico. Questo tipo di tumore cresce sul nervo che collega l'orecchio al cervello. Non causa il cancro, ma può portare ad altri problemi di salute, come la perdita dell'udito. Un altro tipo di tumore che gli scienziati stanno studiando è chiamato glioma. Questo è un tumore trovato nel cervello o nel sistema nervoso centrale del corpo".

Ma, sorpresa, sorpresa: nello stesso articolo è presente un link, che pare un aggiornamento del pensiero dell'articolista: (:https://motherboard.vice.com/en_us/article/bmvvyq/cell-phone-radiation-gave-rats-cancer-now-what) riguardo una veramente interessante ricerca condotta dal National Toxicology Program (NTP): "hanno scoperto che queste radiazioni possono provocare il cancro; ora come la mettiamo?", titola il giornalista.

Verifiche sperimentali confermano le teorie sui tumori

In effetti si è scoperto, da esperimenti condotti su ratti e topi, che le radiazioni in questione procurano tumori. Se ne dà lettura in una delle (a questo punto ennesime) petizioni, aggiornata al 1mo gennaio 2019 (8) ; dove si riassumono così i risultati degli esperimenti dell'NTP (che per inciso sono costati 25 milioni di dollari):"The National Toxicology Program (NTP) concluded in two final reports released November 1, 2018, that there is clear evidence that male rats exposed to high levels of radio frequency radiation, like that used in 2G and 3G cell phones, developed cancerous heart tumors. There was also some evidence of tumors in the brain and adrenal gland of exposed male rats."

E, nel caso qualcuno obbiettasse che oggi si parla di 5G, aggiunge: "Raccomandiamo che, in linea con i principi guida delle Nazioni Unite per i diritti delle persone e delle aziende, è necessario, che le tecnologie 5G vengano sottoposte a valutazioni indipendenti circa i danni della salute e della sicurezza prima di essere lanciate."

E anche gli scienziati italiani si sono stati attivati in merito.

Su "Il Fatto Quotidiano" del settembre 2018, si legge: "c'è attesa per le nuove linee guida sulla sicurezza per l'esposizione all'elettrosmog; depositati i risultati dell'istituto bolognese Ramazzini (9) e dell'americano National Toxicology Program; esse sono al vaglio dell'Agenzia internazionale per la ricerca sul cancro."

Ad un istituto italiano fu infatti commissionato uno studio per controverificare i risultati degli studi dell'NTP.

Cosa dice lo studio italiano ?

Come detto sopra, Il 22 marzo 2018 si è conclusa la ricerca che l'Istituto Ramazzini di Bologna, attraverso il Centro di ricerca sul cancro "Cesare Maltoni", ha condotto per studiare l'impatto dell'esposizione umana ai livelli di radiazioni a radiofrequenza prodotti da ripetitori e trasmettitori per la telefonia mobile.

Lo studio è il più grande mai realizzato su radiazioni a radiofrequenza, il "paper" relativo è disponibile online sulla rivista internazionale "peer-reviewed" Environmental Research, edita da Elsevier.

Riporto alcuni passi di questo studio:

I ricercatori dell'Istituto Ramazzini hanno riscontrato

aumenti statisticamente significativi nell'incidenza degli schwannomi maligni; tumori rari delle cellule nervose del cuore, nei ratti maschi del gruppo esposto all'intensità di campo più alta usata per gli esperimenti: 50 V/m. (per il 5G si accettano esposizioni fino a 61 V/m).

Gli studiosi italiani hanno comunque individuato un aumento dell'incidenza di altre lesioni, già riscontrate nello studio dell'NTP: l'iperplasia delle cellule di Schwann sia nei ratti maschi che femmine e gliomi maligni (tumori del cervello) anche a più bassi livelli di radiazione. Lo studio è stato condotto, infatti, anche con dosi ambientali (cioè simili a quelle che ritroviamo nel nostro ambiente di vita e di lavoro) di 5, 25 e 50 V/m: questi livelli sono stati studiati per mimare l'esposizione umana generata da ripetitori.

"L'intensità delle emissioni utilizzate per lo studio è dell'ordine di grandezza di quella delle esposizioni ambientali più comuni in Italia", tiene a sottolineare la Dott.ssa Fiorella Belpoggi, Direttrice dell'Area Ricerca dell'Istituto Ramazzini e leader dello studio.

Ripeto: da considerare che i progetti sperimentali di 5G parlano di esposizioni di intensità elettromagnetica di fino a 61V/m.

Entrambi gli studi (di Ramazzini e di NTP) hanno pertanto rilevato aumenti statisticamente significativi nello sviluppo dello stesso tipo di tumori maligni molto rari del cuore nei ratti trattati.

"Il nostro studio conferma e rafforza i risultati del National Toxicologic Program americano; non può infatti essere dovuta al caso l'osservazione di un aumento dello stesso tipo di tumori, peraltro rari, a migliaia di chilometri di distanza, in ratti dello stesso ceppo trattati con le stesse radiofrequenze. Sulla base dei risultati comuni, riteniamo quindi che l'Agenzia Internazionale per la Ricerca sul Cancro (IARC) debba rivedere la classificazione delle radiofrequenze, finora ritenute possibili agenti cancerogeni, per definirle probabili agenti cancerogeni.".

"La salute pubblica – prosegue Ramazzini - necessita di un'azione tempestiva per ridurre l'esposizione, le compagnie devono concepire tecnologie migliori, investire in formazione e ricerca, puntare su un approccio di sicurezza piuttosto che di potenza, qualità ed efficienza del segnale radio. Siamo responsabili verso le nuove generazioni e dobbiamo fare in modo che i telefoni cellulari e la tecnologia wireless non diventino il prossimo tabacco o il prossimo amianto, cioè rischi conosciuti e ignorati per decenni", conclude Belpoggi.

Da parte sua, l'Environmental Health Trust americano trae le seguenti conclusioni (10): "Questo studio di Ramazzini conferma i risultati dello studio di NTP. E' vero che lo standard 5G è nuovo e non ci sono studi che abbiano esaminato l'esposizione umana a lungo termine. Tuttavia, il corpo di ricerca che ha studiato gli effetti dall'attuale tecnologia wireless sui sistemi viventi, fornisce dati sufficienti per gli scienziati atti a giustificare la richiesta di una moratoria.

Di linee guida, quindi, ce ne sono, e sono lì da più da tempo; si può ancora dire che non ci sono evidenze scientifiche ? C'è qualche scienziato che si è preso magari la briga di confutarle non solo a parole?

No. Le parti interessate finora nello sviluppo del 5G sono state l'industria e i governi; mentre i ricercatori e gli esperti di studi di campi elettromagnetici, che hanno documentato effetti biologici su esseri viventi e sull'ambiente in migliaia di studi, sono stati per lo più esclusi.

Il motivo dell'attuale inadeguato orientamento alla sicurezza del 5G è, molto probabilmente, il conflitto di interessi degli organismi preposti.

NOTA: Elenco dei governi e organizzazioni che hanno messo al bando o lanciato allarmi sui danni da radiazioni da telefonia cellulare http://www.cellphonetaskforce.org/governments-and-organizations-that-ban-or-warn-against-wireless-technology/

RIFERIMENTI

1. https://www.5gspaceappeal.org/the-appeal/
2. https://www.researchgate.net/publication/298533689_International_Appeal_Scientists_call_for_protection_from_non-ionizing_electromagnetic_field_exposure
3. https://www.actu-environnement.com/media/pdf/news-29640-appel-scientifiques-5g.pdf
4. https://www.isde.it/richiesta-moratoria-per-le-sperimentazioni-5g-su-tutto-il-territorio-nazionale/
5. https://drive.google.com/file/d/0B14R6QNkmaXuX19qQ2lMd3ZvRVU/view
6. https://www.cdc.gov/nceh/radiation/cell_phones._faq.html
7. https://motherboard.vice.com/en_us/article/pa8bpk/5g-wireless-rekindles-fight-over-cellular-health-risks
8. https://emfscientist.org/

9. htttps://www.ramazzini.org/comunicato/ripetitori-telefonia-mobile-listituto-ramazzini-comunica-gli-esiti-del-suo-studio/
10. https://ehtrust.org/scientific-research-on-5g-and-health/

2. COL 5G SAREMO IRRADIATI ANCHE DA ONDE ELETTROMAGNETICHE PROVENIENTI DA 20.000 SATELLITI

Nel precedente paragrafo ho descritto i rischi per la salute da radiazioni da 5G. Desidero qui aggiungere alcuni dettagli riguardo alle radiazioni che verranno dallo spazio e alcune informazioni circa il comportamento del governo inglese. Ho scelto il Regno Unito perché, per molti versi, questa nazione è stata un po' la culla delle telecomunicazioni.

Nel novembre del 2018, la Federal Communications Commission (FCC) degli Stati Uniti ha autorizzato la compagnia spaziale SpaceX, di proprietà dell'imprenditore Elon Musk, a lanciare una flotta di 7.518 satelliti per completare l'ambizioso programma di SpaceX di fornire servizi globali di banda larga satellitare in ogni angolo del Terra.

I satelliti opereranno ad un'altezza di circa 210 miglia e irradieranno la Terra con frequenze estremamente alte; tra 37,5 GHz e 42 GHz. Questa flotta si aggiungerà a una flotta SpaceX più piccola di 4.425 satelliti, già autorizzata all'inizio dalla FCC, che orbiterà attorno alla Terra ad un'altezza di circa 750 miglia e che è destinata a irrorarci con frequenze tra 12 GHz e 30 GHz. Si prevede quindi che il totale complessivo dei satelliti SpaceX SARà DI poco meno di 12.000.

Le nuove flotte SpaceX costituiranno un massiccio aumento del numero di satelliti nei cieli sopra di noi e un corrispondente aumento delle radiazioni che raggiungono la Terra. La flotta satellitare di SpaceX è, tuttavia, solo una delle tante che verranno lanciate nei prossimi anni, tutte allo stesso scopo: fornire servizi globali a banda larga. Altre società, tra cui Boeing, One Web e Spire Global, lanceranno ciascuna le proprie flotte più piccole, portando il numero totale di nuovi satelliti a banda larga proiettati nello spazio a circa 20.000, ognuno dedicato all'irradiazione della Terra con alte frequenze elettromagnetiche. (1).

Perché c'è questa improvvisa raffica di attività? Le nuove flotte satellitari stanno contribuendo a uno sforzo globale concertato per "potenziare l'ambiente elettromagnetico della Terra". Questo "aggiornamento" viene comunemente chiamato 5G o rete wireless di quinta generazione. Infatti è diventata consuetudine nei circoli tecnologici parlare dell'introduzione del 5G come la creazione di un nuovo "ecosistema elettronico" globale. Si tratta in effetti di geoingegneria su una scala mai tentata prima. Mentre questo viene venduto al pubblico come, ad esempio: un miglioramento della qualità dello streaming video per media e intrattenimento; per operazioni chirurgiche a distanza; per l'IOT; per le auto a guida autonoma; per Industry 4.0; ciò verso cui ci stanno dirigendo è, nella realtà, la creazione di condizioni in cui l'intelligenza elettronica o "artificiale" sarà in grado di assumere una presenza sempre maggiore nelle nostre vite.

Sarà un bene? Non lo sappiamo esattamente (anche perché di molte cose non ne sentiamo la mancanza...); ma ci sono alcuni che da anni si preoccupano, abbastanza inascoltati, del danno fisico da radiazioni.

Sappiamo già che l'introduzione del 5G richiederà centinaia di migliaia di nuove torri per telefoni cellulari (indicate anche come "stazioni base") nei centri urbani ed axtraurbani di tutta Italia e letteralmente milioni di nuove torri nelle città di tutto il resto del mondo. I 20.000 satelliti saranno un complemento necessario a questo sforzo terrestre, poiché garantiranno che anche le aree rurali, i laghi, le montagne, le foreste, gli oceani e le terre selvagge, saranno tutte zone incorporate nella nuova infrastruttura elettronica. Non un centimetro quadrato del globo sarà privo di radiazioni del 5G. Nulla e nessuno deve sfuggire a queste radiazioni; e se volessimo proteggergi, non servirà l'auricolare.

Data la portata del progetto, è sorprendente come poche persone siano consapevoli dell'enormità di ciò che sta iniziando a svolgersi intorno a noi. Pochissime persone hanno persino sentito parlare dei 20.000 nuovi satelliti che dovrebbero trasformare il pianeta in un cosiddetto "pianeta intelligente", irradiandoci giorno e notte. Nei media nazionali non sentiamo voci che mettono in discussione la saggezza, per non parlare dell'etica, della geoingegneria di un nuovo ambiente elettromagnetico globale.

CI SARA' PERICOLO PER LA SALUTE ?

Ma la domanda che dovremmo porci è se vogliamo un'esposizione sempre più intensa dell'ambiente naturale e di tutte le creature viventi, inclusi noi stessi, a radiazioni elettromagnetiche sempre più numerose e a frequenze sempre più elevate. Cosa succede quando queste radiazioni incontrano i nostri corpi? Lo sappiamo con certezza?

La risposta è "no"!

Allo stato attuale, telefoni cellulari, smartphone, tablet, la maggior parte dei Wi-Fi e così via, funzionano tutti a meno di 3 GHz, in quella che viene chiamata la regione "a microonde" dello spettro elettromagnetico. Le loro lunghezze d'onda sono di vari centimetri. Uno smartphone che funziona a 800 MHz, ad esempio, invia e riceve segnali con lunghezze d'onda di 37,5 centimetri. Operando a 1,9 GHz, le lunghezze d'onda sono di 16 centimetri. (al riferimento 2 il piano frequenze 5G per l'Italia)

L'introduzione del 5G comporterà l'uso di frequenze considerevolmente più elevate di queste, con lunghezze d'onda corrispondenti più brevi. Al di sopra di 20 GHz, le lunghezze d'onda sono lunghe solo millimetri anziché centimetri. La banda d'onda millimetrica (da 30 GHz a 300 GHz) viene definita frequenza estremamente alta e le sue lunghezze d'onda sono comprese tra 10 mm e 1 millimetro. Fino ad oggi, la radiazione elettromagnetica ad altissima frequenza non è stata ampiamente propagata (viene usata per lo più nei radar) e la sua introduzione segna un cambiamento significativo nel tipo di energia elettromagnetica che diventerà presente nell'ambiente naturale.

Uno dei vantaggi dell'uso di queste frequenze è che viene ridotta ciò che viene chiamata "latenza", o ritardo, nel tempo di trasmissione/ricezione. Ma, poiché le onde che trasportano i dati sono così piccole, lunghe appunto solo pochi millimetri, sono meno in grado di attraversare barriere fisiche rispetto alle onde più lunghe di frequenze più basse. Questo è il motivo per cui è necessario disporre di tante altre nuove "stazioni di terra"". Esse dovranno ad esempio essere distanziate a non più di 100 metri l'una dall'altra, nelle città.

Poiché le lunghezze d'onda sono molto più piccole, anche le antenne che le trasmettono e le ricevono saranno molto più piccole di quelle degli attuali telefoni e dispositivi elettronici. Un singolo trasmettitore/ricevitore 5G avrà un gran numero di piccole antenne, raggruppate in un'unica unità. Una serie di poco più di mille di tali antenne misura solo circa otto cm quadrati, quindi si adatterà facilmente in una piccola stazione base su un lampione, mentre lo smartphone in tasca ne avrà probabilmente sedici

Sia i satelliti 5G che le torri terrestri 5G utilizzeranno sistemi di antenne disposte a gruppi disposti in "phased array"; questi gruppi sono coordinati per irradiare impulsi in varie direzioni e in una sequenza temporale specificata da un computer che le pilota. Ciò consente a fasci concentrati di onde radio di essere puntati contemporaneamente, e con impulsi, su vari obiettivi designati; il computer può, se richiesto, rapidamente cambiare orientamento del fascio.

Ciò significa anche che qualsiasi creatura vivente che si frapponga sul percorso di un raggio così concentrato sarà soggetta a una potente dose di radiazioni ad altissima frequenza. Uno studio ha dimostrato (3) che alcuni insetti, a causa delle loro piccole dimensioni corporee, sono particolarmente vulnerabili alle onde millimetriche, alle frequenze più alte. Altri studi hanno dimostrato che anche i batteri e le piante sono vulnerabili.

Oltre alla sua capacità di concentrare la potenza in raggi focalizzati, la tecnologia phased array ha un ulteriore fattore complicante. Su entrambi i lati del raggio principale, gli intervalli di tempo tra gli impulsi sono diversi dagli intervalli di tempo tra quelli del raggio principale, ma possono sovrapporsi in modo tale da produrre cambiamenti estremamente rapidi nel campo elettromagnetico. Ciò può avere un effetto particolarmente dannoso sugli organismi viventi, perché le cariche in movimento che fluiscono nel corpo diventano effettivamente antenne che irradiano nuovamente il campo elettromagnetico e lo inviano più in profondità nell'organismo. Queste onde irradiate sono note come precursori di Brillouin, (4) (5) che prendono il nome dal fisico francese Leon Brillouin, che le descrisse per la prima volta nel 1914. Ricerche suggeriscono che possono avere un impatto significativo e altamente dannoso sulle cellule viventi.

LE RASSICURANTI AFFERMAZIONI DEI GOVERNI E DELL'INDUSTRIA; C'E' DA FIDARSI? IL CASO INGLESE.

Un articolo di Repubblica del marzo 2019 affermava: "Ci si può chiedere poi se il 5G, usando nuove frequenze (vicine alle cosiddette "onde millimetriche") possa esporre a rischi diversi e maggiori per la salute. È appunto questo l'allarme lanciato da chi adesso chiede lo stop della tecnologia 5G. Le nuove frequenze sono più elevate rispetto a quelle usate ora dai cellulari e serviranno tra l'altro a creare celle molto piccole e numerose nelle nostre città, per esempio per i servizi dell'internet delle cose (IoT). Il segnale su frequenze elevate penetra e si diffonde meno bene, ecco perché le celle devono essere più piccole e più capillari. Ma questo vuol dire anche – notano dall'Istituto Superiore della Sanità (ISS) – che le potenze utilizzate saranno più basse e le onde si fermeranno a livello molto superficiale (della pelle)".

Questo è quindi ciò che afferma l'ISS secondo Repubblica; sarà vero? Facciamo un salto nel Regno Unito.

L'ente governativo incaricato di proteggere la salute pubblica, il Public Health England, nel Regno Unito, informò tempo fa che non ci sono prove convincenti che le radiazioni di radiofrequenze (radio, televisione, telefoni cellulari, smartphone , 5G…) abbiano effetti negativi sulla salute di adulti o bambini .

Questo parere si basava sulle raccomandazioni di un organismo apparentemente indipendente chiamato AGNIR (gruppo consultivo sulle radiazioni non ionizzanti), che nel 2012 produsse un rapporto sulla sicurezza delle radiazioni in radiofrequenza. Il rapporto affermava che mancavano prove "convincenti" e "conclusive" per eventuali effetti negativi sulla salute. (6). Era quindi come dare un assegno in bianco al settore delle telecomunicazioni per passare alle frequenze più alte, senza tener conto delle conseguenze.

Si scoprì poi, nel 2017 che, lungi dall'essere indipendente, AGNIR aveva un'alta percentuale di membri con palesi conflitti di interesse, e che il loro rapporto aveva tralasciato prove che avrebbero dovuto costringerlo a giungere alla conclusione opposta a quella a cui era arrivato. In un'analisi forense del rapporto, la ricercatrice per la salute ambientale, Sarah Starkey, chiarì che solo un volontario disprezzo delle prove scientifiche disponibili avrebbe potuto spiegare le contraddizioni interne e l'apparente incompetenza che traspariva dal rapporto. (7)

Nonostante ciò, l'attuale politica del governo del Regno Unito consente a quest'ultimo di realizzare il 5G senza nemmeno un cenno alla necessità di una precedente profonda valutazione della salute e della sicurezza (8). La salute e la sicurezza semplicemente non figurano nel pensiero del governo, nonostante una vera e propria montagna di letteralmente migliaia di articoli di ricerca che dimostrano effetti negativi sulla salute: il numero di questi articoli e rapporti continua a crescere al ritmo di circa 350 all'anno, in media praticamente uno ogni giorno (9).

Uno dei motivi per ignorare queste prove circa i possibili

danni causati dall'ecosistema elettronico 5G, è la convinzione negli ambienti governativi che, a meno che il 5G non venga introdotto al più presto, il Regno Unito verrà "lasciato indietro"; e la sua crescita economica e competitività sarà messa a rischio. Semplicemente non c'è tempo per considerare le possibili conseguenze sulla salute.

La National Infrastructure Commission, il cui rapporto del 2016, Connected Future, costituisce la base dell'attuale politica del governo inglese, ha spinto in avanti questa volontà di accelerazione del Regno Unito (in ritardo rispetto ad altre nazioni), e ha esortato il governo a garantire che la nuova infrastruttura digitale sia pienamente operativa entro il 2025 (10). Il rapporto della NIC sottolinea ripetutamente che i benefici del "futuro connesso" devono essere misurati in miliardi di sterline di entrate.

Nel 5G ci sono infatti elevati interessi economici in ballo. Gli importi da capogiro coinvolti sono ben esemplificati in una recente stima secondo cui solo l'industria dei media globale guadagnerà $ 1,3 trilioni di dollari dal 5G entro il 2025, anche perché il 5G "sbloccherà il potenziale della realtà aumentata (AR) e della realtà virtuale (VR) " (11) . Senza parlare dei ricavi dalla vendita delle frequenze e dagli interessi dei produttori e operatori relativi alla vendita di hardware, di software e di nuovi servizi.

Dal 1993, l'industria ha finanziato un gran numero di studi, risparmiando ai governi una grande spesa; da questi studi emerge la posizione che il giudizio sia ancora incerto sul fatto che l'esposizione alle radiazioni di radiofrequenza causi danni alla salute o meno.

Saranno veritieri? Nel luglio 2018, The Guardian pubblicò

un articolo che citava una ricerca che mostrava che, mentre il 67% degli studi finanziati in modo indipendente aveva riscontrato un effetto biologico dell'esposizione alle radiazioni di radiofrequenza, solo il 28% degli studi finanziati dall'industria aveva trovato gli stessi riscontri. In pratica, gli studi finanziati dall'industria hanno una probabilità quasi due volte e mezza inferiore rispetto agli studi indipendenti di trovare effetti sulla salute (12). Gli autori dell'articolo del Guardian spiegano come l'industria delle telecomunicazioni non abbia bisogno di vincere l'argomentazione scientifica sulla sicurezza, ma semplicemente di continuare l'argomento a tempo indeterminato, producendo studi con risultati che non si possono verificare, o meglio contraddire, circa gli effetti negativi sulla salute.

Uno degli studi più noti è il gigantesco "Interphone Study" finanziato dall'industria, che è riuscito a concludere che tenere un telefono cellulare in testa protegge (sic !) effettivamente l'utente dai tumori del cervello! Questo studio, che è pieno di contraddizioni e soffre di gravi difetti di progettazione, è spesso citato come il più autorevole fino ad oggi, mentre in realtà pare sia stato completamente screditato (13).

Nonostante tutto ciò, si ritiene che non vi sia consenso scientifico e quindi che non vi siano motivi sufficienti per intraprendere azioni. Ovviamente questo vale per il Regno Unito. In Italia il nostro Istituto Superiore per la Sanità, come visto sopra, ci assicura che non ci sono pericoli.

Un commento finale: i governi si adoperano a condannare il riscaldamento globale, cercando di provare che è generato dall'Uomo e che bisogna combatterlo; e pochi politici (e attivisti al seguito) si premurano a cercare di capire come, e se è giusto, fermare l'inquinamento elettromagnetico. Che è generato, senza alcun dubbio, in questo caso, dall'Uomo. Non è strano?

RIFERIMENTI

1. Una delle migliori fonti per queste informazioni è il sito Web della Global Union Against Radiation Deployment from Space (GUARDS) all'indirizzo www.stopglobalwifi.org e il relativo sito Web della Task Force per telefoni cellulari all'indirizzo www.cellphonetaskforce.org .
2. Il 5G in Italia lavorerà su tre bande di frequenze; ovverosia 694 – 790 MHz, 3600 – 3800 MHz e 26,5 – 27,5 GHz.
    Banda 700 Mhz – La prima è quella soprannominata "nobile": la "banda 700" è infatti il miglior compromesso per raggiungere un ottimo livello di trasferimento dati e, al contempo, "penetrare" attraverso le strutture come muri, soffitti e – dunque – raggiungere con più efficacia i dispositivi degli utenti. Le basse frequenze sono la base per una copertura mobile diffusa e pervasiva e infatti non è un caso che TIM e Vodafone si siano assicurate le porzioni più succulente, con Iliad terzo incomodo, che ha sfruttato il fatto di essere "new entry" per assicurarsi frequenze senza fare asta. Attualmente queste frequenze sono occupate dalle trasmissioni del digitale terrestre, che infatti sarà spostato su altre a partire dal 2020 fino al 2022 con uno switch off graduale.
    Banda 3600-3800 Mhz. Questa banda sarà ideale anche per usi commerciali in strutture come aeroporti, porti e stazioni, siti turistici oltre che direttrici di trasporto dalle autostrade alle

ferrovie ad alta velocità.

Onde Millimetriche – A frequenze superiori, dunque trattando la banda 26,5 – 27,5 GHz (frequenze liberate dal dicembre scorso), si parla di onde millimetriche. Si usa questo termine perché la lunghezza d'onda va proprio da 1 a 10 mm. Al contrario della banda 700 qui la portata è assai inferiore così come la capacità di penetrare all'interno di edifici e superare ostacoli, ma di contraltare sarà supportata una più imponente velocità di trasferimento e una latenza ancora inferiore.

3. Arno Thielens et al., "Exposure of insects to radio-frequency Electromagnetic Fields from 2 to 120 GHz", Nature, 8: 3924 (2018): "Gli insetti mostrano un massimo di potenza assorbita da radiofrequenza a lunghezze d'onda paragonabili alla loro dimensione corporea ... Gli insetti studiati che sono inferiori a 1 cm mostrano un picco di assorbimento alle frequenze (sopra i 6 GHz), che attualmente non sono spesso utilizzate per le telecomunicazioni, ma sono progettate per essere utilizzate nella prossima generazione di sistemi di comunicazione wireless. "
4. Cindy Russell, "A 5G Wireless Future", The Bulletin (gennaio / febbraio 2017, pagg. 20-23) esamina la ricerca ed elenca un gran numero di effetti negativi sulla salute delle radiazioni elettromagnetiche delle onde millimetriche, tra cui aritmia, resistenza agli antibiotici, cataratta , sistema immunitario compromesso, ecc.
5. Kurt Oughstun, intervista sui "Brillouin Precursors", Microwave News , 22, 2 (2002), p.10. Secondo Oughstun, professore di ingegneria elettrica e matematica all'Università del Vermont: "Un singolo precursore di Brillouin può aprire piccoli canali attraverso la membrana

cellulare perché, mentre passa attraverso la membrana, può indurre un cambiamento significativo nel potenziale elettrostatico della membrana. " Vedi anche Arthur Firstenberg" 5G - From Blankets to Bullets "17 gennaio 2018), su www.cellphonetaskforce.org .
6. Rapporto del gruppo consultivo sulle radiazioni non ionizzanti, "Health effects from Radiofrequency Electromagnetic Fields" (2012).
7. Sarah J. Starkey, "Inaccurate Official Assessment of radiofrequency safety by the Advisory Group on Non-ionizing Radiation", Review of Environmental Health, 31: 4 (2016), pp. 493-503.
8. Il Dipartimento per la cultura, i media e lo sport e HM Treasury, "Next Generation Mobile Technologies: A 5G strategy for UK", marzo 2017, che definisce la strategia del governo inglese per il lancio del 5G, non menziona precauzioni per salute e sicurezza.
9. Una delle migliori fonti per questo cumulo di articoli di ricerca è il "The BioInitiative Report" (2012), che raccoglie il tutto in sezioni gestibili e viene regolarmente aggiornato. È possibile accedervi online all'indirizzo http://www.bioinitiative.org . Secondo il rapporto, tra il 2007 e il 2012, circa 1800 nuovi studi hanno dimostrato effetti negativi sulla salute, ovvero in media 350 all'anno.
10. "National Infrastructure Report, Connected Future" (dicembre, 2016), p.11. Gli autori sostengono che solo così facendo il Regno Unito potrebbe "trarre pieno vantaggio da tecnologie come l'intelligenza artificiale e la realtà aumentata". Il rapporto è disponibile su www.nic.org.
11. Ovum, "5G Economics of Entertainment Report" (ottobre, 2018). Il rapporto è stato commissionato da Intel e un riepilogo è disponibile all'indirizzo www.newsroom.intel.com .

12. Mark Hertsgaard e Mark Dowie, "The inconvenient truth about cancer and mobile phones", The Guardian, 14 luglio about cancer and mobile phones", The Guardian, 14 luglio 2018. La palese distorsione della verità a causa dei finanziamenti, è stata rivelata per la prima volta nel 2006 da Louis Slesin, "'Radiation Research' e the Cult of Negative Results", Microwave News, 26.4 (luglio 2006), pagg. 1-5. Un buon riassunto del problema è riportato in "Bias and Confounding in EMF Science", sul sito Web di Powerwatch: www.powerwatch.org.uk/science/bias.asp .
13. The Interphone Study è ampiamente criticato in L. Lloyd Morgan et al., "Cellphones and Brain Tumors: 15 Reasons for Concern" (2009), disponibile online su www.electromagnetichealth.org.

3. DANNI BIOLOGICI DA 5G: PRINCIPIO DI PRECAUZIONE E CONFLITTI DI INTERESSE

Quando emerse la crescente evidenza di un legame tra fumo e cancro ai polmoni, l'industria delle sigarette, incapace di confutare queste prove, creò strategicamente "dubbi" ... e per molti anni, la produzione di questi dubbi andò di pari passo con la fabbricazione delle sigarette.

Nel marzo 2020 la Commissione SCENIHR, incaricata di produrre le linee guida per proteggere da danni biologici provenienti da radiazioni elettromagnetiche, e che sosteneva i limiti emessi nel 1999, confermandoli nel 2015, è stata destituita dall'EPRS (European Parliamentary Research Service). Ciò in quanto i suoi membri erano stati giudicati in conflitto di interessi. Con un documento esplosivo, (ma mai pervenuto ai media) che allego al n. (12), lo EPRS comunicava che la commissione destituita aveva sostenuto che non c'è evidenza che le onde elettromagnetiche possano influenzare le funzioni cognitive degli umani, o possa contribuire ad un aumento di casi di cancro tra adulti e bambini. La nuova commissione incaricata, denominata SCHEER, definiva invece elevati i rischi biologici; in particolare del 5G, in quanto c'è evidenza che non si siano fatte indagini appropriate sull'esposizione a questa tecnologia.

In effetti, come vedremo in seguito, i rischi da 5G provengono da un certo numero di fattori. Le linee guida attuali, che vengono oggi considerate obsolete, considerano come nocive le radiazioni ionizzanti, mentre mettono poco in guardia da quelle elettromagnetiche che non sono ionizzanti.

E specificano che non sono dannose "perché non scaldano i tessuti umani". Nella realtà, i potenziali danni da 5G si è appurato che provengano, oltre che dalla elevata frequenza di trasmissione, anche dalla continua esposizione della popolazione, e dal fatto che si usino antenne che emettono onde in modalità pulsata. La maggiore attenzione ai danni è posta nelle onde millimetriche; però è risaputo che questa tipologia di antenne verrà usata anche a frequenze più basse. E comunque, la copertura da 5G è prevista sia completa sul territorio e 24 ore su 24, e quindi la popolazione sarà permanentemente esposta. Per quanto riguarda le onde millimetriche, esse, nel 5G, rappresentano la sponda più avanzata, in quanto, permettendo una bassa latenza, (0,5 ms o meno), permetteranno applicazioni avanzate sia commerciali che industriali: sarà difficile proteggersi.

Le opinioni degli "esperti" utilizzate finora avevano quindi una lacuna importante, che conduceva ad un'altra lacuna: la lacuna fondamentale era il fatto che i pareri venivano espressi per lo più da "scienziati" di tipo tecnologico (ingegneri, fisici) coinvolgendo poco o niente quelli di "cultura biologica" (medici, oncologi, biologi, biofisici). La lacuna indotta era che questi "esperti", da una parte, affermavano che non ci fossero ricerche sufficienti a mettere in allarme; dall'altra consideravano le numerose ricerche biofisiche in merito con superficialità (ad es. quelle dello IARC) e non intendevano applicare il "Principio di Precauzione" (20). Questi studi e ricerche invece esistono, e fin dal 1977; solo che sono di carattere biofisico; e quindi non prese in considerazione da "esperti" per lo più tecnologi.

Dal punto di vista puramente scientifico, ci sono pochi elementi sufficienti per confutare le affermazioni, né in senso positivo, né negativo, in quanto non sono state fatte sperimentazioni sull'uomo; ma solo su ratti (che per altro si usano in maniera estesa per la sperimentazione dei farmaci). Pertanto, poiché non stiamo discutendo di buchi neri o di onde gravitazionali, ma di salute umana, non si dovrebbe scherzare; e dovrebbe vigere, il PRINCIPIO DI PRECAUZIONE (20); il quale afferma che deve essere interrotto l'utilizzo, anche sperimentale, di qualunque infrastruttura, finché non vi siano CERTEZZE che neghino il danno biologico. Anche perché, se una persona si deve curare da un tumore, va di norma da un oncologo e non da un ingegnere.

UN PO' DI STORIA: Nel 1999 l'OMS asseriva (1) che i campi elettromagnetici a bassa intensità hanno effetti sanitari trascurabili, e che (2) non ci possono essere effetti sulla salute da parte di radiazioni non-ionizzanti (come le radiofrequenze). Poi, in seguito, rivedeva le affermazioni e dichiarava che, secondo uno studio, (3) campi a frequenza estremamente bassa sono "forse" cancerogeni per l'uomo, ma che questi effetti potevano essere benissimo trascurati. Senza curarsi del succitato "Principio di Precauzione". Affermava anche anche che (4) campi ad alta frequenza, ma bassa intensità come quelli dei cellulari non provocano danni. Anche se ammetteva che alcuni ricercatori hanno riscontrato danni neurologici. Affermava che non provocano danni in quanto non fanno aumentare la temperatura dei tessuti umani. Asseriva anche che si stavano facendo ricerche per vedere se l'esposizione prolungata a "campi che non fanno aumentare la temperatura" possano causare danni. E, bontà sua, ammetteva che sono necessari studi rigorosi. Studi che, in realtà, sono stati poi fatti e che hanno smentito queste assunzioni di OMS.

Saranno contenti coloro i quali negano danni biologici: l'OMS, nel 1999, era in accordo con loro: Ma lo era anche

ARPA VENETO, che, in un documento del 2010 asseriva categoricamente (5): "il riscaldamento dei tessuti è il principale meccanismo d'interazione tra energia a radiofrequenza e corpo umano".

LA SVOLTA: Nel 2011, però, il Consiglio Europeo, con la Risoluzione 1815 (6) dichiara che "alcune onde non-ionizzanti appare possano causare danni biologici, anche quando l'esposizione è al di sotto dei valori di soglia raccomandati". Dice poi che per quanto riguarda i possibili danni biologici, debbono essere valutati anche gli "effetti non termici" e che comunque deve sempre valere il Principio di Precauzione; al cui proposito lamenta che, nonostante il ripetuto richiamo dell'Assemblea alla sua applicazione, gli Stati hanno fatto orecchi da mercante. Aggiunge poi un'affermazione che sottolineo: "…ed è importante che, avendo i rischi da onde elettromagnetiche, una similare connotazione con quelli d prodotti medicinali, pesticidi, organismi geneticamente modificati, è cruciale che gli esperti scientifici di merito abbiano queste competenze al fine di fornire opinioni bilanciate. En passant, afferma anche che è importante l'indipendenza di chi emette linee guida al proposito.

E veniamo ai giorni nostri. Nel 2019, in una interrogazione al parlamento UE, (7) con oggetto "5G, lotta contro il cancro e gli effetti cancerogeni dei campi elettromagnetici" si denuncia la non indipendenza e non trasparenza del comitato UE "SCENIHR", incaricato di indagare sui pericoli da radiazioni elettromagnetiche, e che li avevano individuati solo se fossero state presenti "attività termiche" delle radiazioni.

E VENIAMO AL COLPO DI SCENA: Nel 2020 lo European Parliamentary Research Service emana un rapporto che afferma: "Con il 5G, per motivi tecnici, vi sarà una esposizione costante della popolazione alle onde millimetriche. Il 5G utilizzerà anche "antenne attive" di tipo "MIMO" (multiple input multiple output): secondo uno studio del 2019 si fa presente che non è possibile misurare con accuratezza le emissioni di queste antenne (8). Il progetto Geronimo (9), terminato nel 2018, non ha studiato il 5G: i limiti alle esposizioni si sono indirizzati a prevenire solo il riscaldamento dei tessuti (10). Il principio di cautela è spesso fallito (11)". Viene quindi destituita la commissione che affermava che le onde da cellulari non causano danni biologici; in quanto pare che detta commisssione avesse evidenti conflitti di interesse. La nuova commissione (SCHEER), appena insediata, considera, invece, alti i rischi di danni biologici da 5g.

L'APPELLO (13): Tra il 2015 e il 2019, 245 scienziati scrivono vari appelli a ONU e ad UE per denunciare danni da 5G e raccomandare una moratoria finché tutti i danni non siano stati investigati e non siano stati studiati nuovi limiti di emissioni. La maggior parte sono medici, biofisici, chimici; ma ci sono anche alcuni "tecnologi". Tali limiti devono essere basati sui possibili danni biologici, piuttosto che su valori di assorbimento. Le radiazioni 5G sono in genere considerate non nocive perché non ionizzanti. Ma il problema del 5g non risiede nella frequenza, bensì nella tipologia di emissione ad impulsi. In parole povere: per valutare i danni biologici non valgono parametri fisici di assorbimento, ma quelli sperimentali di danni biologici.

E GLI STUDI ESISTONO!

Nel 2016 la rivista Elsevier (che pubblica articoli peer reviewed), citava un articolo a titolo (16) "PLANETARY ELECTROMAGNETIC POLLUTION: IT IS TIME TO

ASSESS ITS IMPACT" che asseriva che le linee guida circa l'esposizione alle onde elettromagnetiche sono vecchie: datano dagli anni '90.

Nel 2018, poi, sempre Elsevier faceva una review circa gli studi effettuati sul tema e riportati in articoli "peer reviewed", e affermava (15) "mentre fisici ed ingegneri si limitano a dare assicurazioni circa il fatto che le onde elettromagnetiche non procurino riscaldamento dei tessuti umani; scienziati di cultura medica indicano che ci sono altri meccanismi cellulari da indirizzare. Nel caso delle onde millimetriche esistono già studi che provano effetti sul sistema immunitario, sulla pelle, sugli occhi e sulla resistenza agli antibiotici".

E poi ce n'è uno addirittura (17) del 1987, che afferma come microonde emesse in modo pulsato possano danneggiare le cellule (in questo caso procurando cataratte) 4,7 volte di più di quanto facciano le onde continue.

GLI AMERICANI SI AFFIDANO A STUDI RUSSI

Nel Gennaio 2020 la rivista americana Electromagnetic Radiation Safety (19) scriveva: l'esposizione massima consentita dalla FCC (Federal Communications Commission) è di 1,0 mW / cm2, mediata su 30 minuti per frequenze che vanno da 1,5 GHz a 100 GHz. Questa linea guida è stata adottata dal 1996 per proteggere l'uomo dall'esposizione ai livelli termici di radiazione a radiofrequenza. Tuttavia, abbiamo oggi capito che le linee guida non sono state progettate per proteggerci da rischi non termici, che possono verificarsi in caso di esposizione prolungata o a lungo termine alle radiazioni a radiofrequenza a frequenze più basse. Con l'implementazione dell'infrastruttura wireless di quinta generazione (5G), gran parte della nazione sarà esposta per la prima volta a onde su base continua. A causa delle linee guida FCC, queste esposizioni saranno probabilmente di bassa intensità. Pertanto, le conseguenze sulla salute dell'esposizione al 5G saranno limitate agli effetti non termici prodotti dall'esposizione prolungata agli MMW (onde millimetriche) in combinazione con l'esposizione alle radiazioni a radiofrequenza a bassa e media frequenza. Sfortunatamente, negli USA, pochi studi hanno esaminato l'esposizione prolungata a bassa intensità delle frequenze 5G, e nessuna ricerca di cui siamo a conoscenza si è concentrata sull'esposizione combinata con altre radiazioni a radiofrequenza.

Gli scienziati russi hanno però condotto per anni gran parte delle prime ricerche sugli effetti biologici dell'esposizione alle radiazioni a bassa intensità. La CIA ha raccolto e tradotto la ricerca pubblicata, ma l'ha declassificata solo decenni dopo. Nel 1977, N.P. Zalyubovskaya pubblicava infatti uno studio, "Effetti biologici delle onde millimetriche", in una rivista in lingua russa, "Vracheboyne Delo". La CIA ha declassificato questo documento nel 2012.

Lo studio ha esaminato gli effetti dell'esposizione dei topi alla radiazione millimetrica (37-60 GHz; 1 milliwatt per centimetro quadrato) per 15 minuti al giorno per 60 giorni. I risultati sugli animali sono compatibili con un campione di persone che lavorano vicine ma generatori di onde millimetriche. I risultati rivelano potenziali danni biologici nell'esposizione prolungata.

CONCLUSIONI E PRECURSORI DI BRILLOUIN

Coloro i quali affermano che il 5G non danneggi la salute hanno ragione; ma le loro informazioni si fermano al 1999.

Dovrebbero aggiornarsi: da allora molti studi sono stati fatti, e tutti confermano potenziali danni biologici dovuti ad onde elettromagnetiche; danni anche indipendenti dalla frequenza e dalla intensità delle stesse. Ma in particolare dovuti a lunghezza del tempo di esposizione e a pulsazione delle onde. Sono anche provate, poi, interazioni cellulari, anche a livello di DNA, anche a frequenze basse e basse intensità.

Una attenzione particolare vorrei mettere sull'aspetto dell' INDIPENDENZA E COMPETENZA DEGLI SCIENZIATI. Per quanto riguarda l'indipendenza è significativo che la UE abbia denunciato i conflitti di interesse di comitati preposti a tracciare le linee guida sui limiti delle radiazioni. Al punto di esautorare il comitato che ne aveva minimizzato i danni biologici. Per quanto riguarda la competenza, la stessa UE ha sollecitato commissioni che, oltre ad avere ingegneri e fisici tra di loro, abbiano anche medici, oncologi, biologi e biofisici.

Conflitti di interesse? Gli esperti di telecomunicazioni che scrivono raccomandazioni, fisici ed ingegneri, lavorano tutti per industrie e operatori di telecomunicazioni; ed è plausibile il loro conflitto di interesse nel dare giudizi in merito a danni biologici; in quanto tutti pesantemente coinvolti nello sviluppo del 5G. Gli esperti di danni biologici da radiazioni, di educazione medica, invece, lavorano per lo più per ospedali, centri di ricerca e istituzioni analoghe, che poco hanno a che fare col 5G; e quindi sicuramente più obbiettivi. Certamente entrambi i pareri debbono essere sentiti.

E poi, diciamocela tutta: non credete che prima di pensare al 5G, gli operatori italiani debbano completare una copertura decente del 4G? Da anni siamo in Europa il fanalino di coda nella banda larga; e lo "smart work" e la "scuola a distanza" imposti dal Covid-19 hanno esacerbato, tra l'altro, le differenze Nord/Sud Italia.

I governi? Pensate che un governo, un qualsiasi governo, abbia interesse a rallentare lo sviluppo del 5G e le sue sperimentazioni? Assolutamente no! E non solo per motivi politici. Il governo italiano ha incassato 6,5 miliardi di euro per le frequenze: se ne cancellasse o ritardasse lo sviluppo, sarebbe esposto al rimborso di danni o restituzione di quanto incassato.

RIFERIMENTI

LE "CERTEZZE" DI WHO (OMS)
https://www.who.int/peh-emf/publications/en/emfriskitalian.pdf?ua=1

1. campi magnetici a bassa intensita' hanno effetti biologici trascurabili
2. non ci sono effetti sulla salute da parte di radiazioni non ionizzanti
3. campi a estremamente bassa frequenza sono "forse" cancerogeni per l'uomo
4. campi ad alta frequenza, ma bassa intensita', come quelli dei cellulari, non provocano danni biologici; anche se si riscontrano (sic!) danni neurologici. ma, poiche' questi campi non provocano aumenti di temperatura nei tessuti, si considerano questi effetti trascurabili.

5. ARPA VENETO: IL RISCALDAMENTO DEI TESSUTI E' IL PRINCIPALE FENOMENO DI INTERAZIONE TRA ONDE ELETTROMAGNJETICHE E CORPO UMANO. SE I TESSUTI NON SI

SCALDANO, NON C'E' PERICOLO!:https://www.arpa.veneto.it/temi-ambientali/ambiente-e-salute/file-e-allegati/2012/telefoni_mobili_oms.pdf

6. (2011) - ASSEMBLEA UE. ALCUNE ONDE NON-IONIZZANTI APPARE POSSANO CAUSARE DANNI BIOLOGICI ANCHE QUANDO L'ESPOSIZIONE E' INFERIORE AI VALORI RACCOMANDATI. E' CRUCIALE LA TRASPARENZE E INDIPENDENZA DI COLORO I QUALI EMETTONO DIRETTIVE SANITARIE. https://assembly.coe.int/nw/xml/xref/xref-xml2html-en.asp?fileid=17994

7. INTERROGAZIONE A EUROPARLAMENTO: L'OPINIONE DELLA COMMISSIONE INTERNAZIONALE SULLA PROTEZIONE DALLE RADIAZIONI NON IONIZZANTI (ICNIRP) SECONDO CUI L'UNICO RISCHIO DI DANNO ASSOCIATO AI CAMPI ELETTROMAGNETICI (EMF) DERIVA DAGLI EFFETTI TERMICI, SI È RIVELATA SBAGLIATA. SI HANNO DUBBI SULL'INDIPENDENZA E TRASPARENZA DEI MEMBRI DELLO SCENIHR. https://www.europarl.europa.eu/doceo/document/e-9-2019-004409_en.html

8. NON E' STATO FINORA POSSIBILE MISURARE CON ACCURATEZZA LE EMISSIONI DA ANTENNE 5G.
https://www.europarl.europa.eu/regdata/etudes/brie/2020/646172/eprs_bri(2020)646172_en.pdf

9. nel 2014 la commissione ue ha finanziato il progetto "geronimo" per studiare in maniera innovativa le radiazioni

elettromagnetiche. il progetto e' terminato nel 2018, ma non ha ancora condotto studi sui potenziali danni da tecnologia 5g.

10. i limiti alle esposizioni in vigore sono indirizzati a prevenire solo il riscaldamenti dei tessuti.

11. circa il principio di cautela, vi sono stati molti fallimenti in passato.

12. la commissione scientifica ue che aveva mandato di valutare i rischi da esposizione 5g, (e che li avevano giudicati inesistenti) aveva membri con conflitto di interessi. la commissione e' stata destituita. la nuova commissione, a dicembre 2018, dichiarava che ritiene alti i rischi di danni biologici da 5g.

13. appello di 245 scienziati: il problema non e' solo la frequenza cui opera il 5g (onde millimetriche) , ma il fatto che usi una modalita' pulsata http://www.5gappeal.eu/the-5g-appeal/

14. (2018) scientific committee on health, environmental and emerging risks scheer statement on emerging health and environmental issues. the lack of clear evidence to inform the development of exposure guidelines to 5g technology leaves open the possibility of unintended biological consequences. https://ec.europa.eu/health/sites/health/files/scientific_com mittees/scheer/docs/scheer_s_002.pdf

elsevier https://www.sciencedirect.com/science/article/abs/pii/s143 8463917308143?via%3dihub . towards 5g communication systems: are there health implications? (elsevier gennaio 2018)

15. mentre fisici ed ingegneri si limitano a dare assicurazioni circa il fatto che le onde elettromagnetiche non procurino riscaldamento; scienziati di cultura medica indicano che ci sono altri meccanismi cellulari da indirizzare. nel caso di onde millimetriche esistono gia' studi che trovano effetti sul sistema immunitario, sulla pelle, sugli occhi e resistenza agli antibiotici.

16. planetary electromagnetic pollution: it is time to assess its impact
https://www.sciencedirect.com/science/article/pii/s2542519 618302213

17. (1987) danni biologici da onde pulsate: in vitro studies of microwave-induced cataract. ii. comparison of damage observed for continuous wave and pulsed microwaves. https://www.ncbi.nlm.nih.gov/pubmed/3666062

18. (2002)l'analisi di pubblicazioni "peer reviewed" rivela danni del dna a causa di radiazioni em a bassa intensita'. ne descrive i processi cellulari (2002).
https://europarl-eplibrary.hosted.exlibrisgroup.com/primo-explore/fulldisplay?docid=tn_informaworld_s10_3109_15368 378_2015_1043557&context=pc&vid=32epa_v1&lang=en_u s&search_scope=32epa_everything&adaptor=primo_central_ multiple_fe&tab=default_tab&query=any,contains,oxidative %20mechanisms%20of%20biological%20activity%20of%20l ow-intensity%20radiofrequency%20radiation

19. (2020) - gli americani si affidano a studi russi: gia' dal 1977 si conoscevano i danni biologici causati da onde millimetriche. https://www.saferemr.com/2017/08/5g-

wireless-technology-millimeter-wave.html
20. il principio di precauzione.
https://coscienzeinrete.net/5g-ue-dimentica-il-principio-di-precauzione/

```
Declassified and Approved For Release 2012/05/10 : CIA-RDP88B01125R000300120005-6

BIOLOGICAL EFFECT OF MILLIMETER RADIOWAVES

Kiev VRACHEBNOYE DELO in Russian No 3, 1977 pp 116-119

[Article by N. P. Zalyubovskaya, Khar'kov Scientific Research Institute of
Microbiology, Vaccines and Sera imeni Mechnikov]

[Text]   Morphological, functional and biochemical studies conducted
         in humans and animals revealed that millimeter waves caused
         changes in the body manifested in structural alterations in
         the skin and internal organs, qualitative and quantitative
         changes of the blood and bone marrow composition and changes
         of the conditioned reflex activity, tissue respiration, ac-
         tivity of enzymes participating in the processes of tissue
         respiration and nucleic metabolism. The degree of unfavor-
         able effect of millimeter waves depended on the duration of
         the radiation and individual characteristics of the organism.
```

(20) PRECURSORI DI BRILLOUIN

https://microwavenews.com/news/backissues/m-a02issue.pdf

All'inizio del 2002, la pubblicazione tecnica con base a New York, Microwave News ha pubblicato un articolo sui precursori di Brillouin. Il problema a quel tempo era rappresentato dalle radiazioni non ionizzanti provenienti dalla struttura radar PAVE PAWS a schiera graduale di Cape Cod, Massachusetts, USA. Un precursore di Brillouin è un impulso di radiazione molto veloce, che quando entra nel corpo umano, può generare una scarica di energia che può viaggiare molto più in profondità di quanto previsto dai modelli convenzionali. E se ne discuteva il possibile danno biologico.

In un'intervista di Microwave News il professor Kurt Oughstun (*), spiegava come i precursori di Brillouin siano generati da antenne radar a matrice graduale (ossia pulsata). Alla domanda "I precursori di Brillouin sono un fatto peculiare delle radiazioni radar?", Oughstun rispose: "No, per niente. Man mano che le velocità di trasmissione dei dati continueranno ad aumentare, i sistemi di comunicazione wireless potrebbero, in un certo momento, in un futuro non troppo lontano, avere le condizioni necessarie per produrre precursori di Brillouin nei tessuti viventi. "

L'intervistatore, in seguito, inviò un'e-mail a Oughstun chiedendo se esistesse la possibilità che i precursori di Brillouin fossero creati dalla tecnologia 5G. La sua risposta fu: "Probabilmente questa condizione non è ancora soddisfatta, ma è vicina. Una velocità dati di 10 Gbps (gigabit al secondo) o superiore sarebbe, tuttavia sufficiente per creare precursori di Brillouin, e sarebbe preoccupante."

Nel novembre 2018, GSMA, l'organizzazione industriale che rappresenta gli interessi degli operatori di telefonia mobile in tutto il mondo, pubblicò la sua posizione sullo spettro del 5G. Per citare, in parte da pagina 3: "Il 5G sarà definito in una serie di specifiche standardizzate che saranno concordate da organismi internazionali, in particolare il 3GPP e in definitiva dall'ITU nel 2020. L'ITU [International Telecommunications Union] ha delineato criteri specifici per IMT-2020 - comunemente considerati come 5G - che supporterà banda larga mobile potenziata: comprese velocità di download di picco di almeno 20 Gbps ... "

COME SI PENSA I PRECURSORI DI BRILLOUIN AGISCANO SUL CORPO UMANO

"Diverse singole antenne "PHASED ARRAY" irradiano impulsi in una sequenza temporale specificata. All'interno del raggio principale questi impulsi sono in genere separati da brevi intervalli. Gli impulsi possono sovrapporsi a vicenda in modo tale che possano produrre un cambio di fase estremamente rapido nel campo elettromagnetico. Cosa succede quando la fase cambia molto rapidamente? L'effetto più importante è che la radiazione non decade più in modo esponenziale e la maggior parte dell'energia RF viene assorbita in pochi centimetri quadrati di pelle umana. La nostra ricerca mostra che se un cambiamento di fase è sufficientemente rapido, a campo quasi statico, viene generato un precursore di Brillouin; quando esso viene generato, la radiazione penetra nel corpo umano. Questo tipo speciale di campo d'onda è stato descritto per la prima volta dal fisico francese Leon Brillouin in 1914. Abbiamo scoperto che gli impulsi che producono un precursore di Brillouin possono fornire una frazione significativa della loro energia in profondità nel tessuto, molto più degli impulsi di un radar convenzionale. Il campo generato dal precursore di Brillouin è totalmente diverso dalla radiazione RF / MW indirizzata in ANSI / IEEE. Nel suo articolo del 1994, il Dr. Richard Albanese ha descritto quattro potenziali meccanismi per danni biologici ai tessuti dovuti a un precursore di Brillouin. Questi sono: cambiamenti nella conformazione delle molecole; cambiamenti nei tassi di reazioni chimiche, effetti su membrane e danni termici. Secondo me, i più gravi possono essere gli effetti della membrana. Un singolo precursore di Brillouin può aprire piccoli canali attraverso la membrana cellulare perché, mentre passa attraverso essa, può indurre un cambiamento significativo nel potenziale elettrostatico

(*) Kurt Oughstun è professore di ingegneria elettrica e matematica all'Università del Vermont, Burlington. Ha svolto ampi lavori sulla propagazione di impulsi elettromagnetici estremamente brevi attraverso diversi tipi di materiali; ed è autore di oltre 50 articoli pubblicati, nonché del libro di testo "Propagazione di impulsi elettromagnetici nel dielettrico causale" (Berlino: Springer-Verlag , 1994)

4. CORSA AL 5G: GARA OLIMPICA O INCONTRO DI CALCETTO?

> *Come tutti sanno Il 5G è una tecnologia, non un evento sportivo; ciononostante nell'arena della geopolitica, il successore del 4G viene, spesso, presentato come in una "corsa" tra diverse nazioni, e in particolare tra le superpotenze di Cina e Stati Uniti. I paesi, e le città, vengono quindi classificati in base alle prestazioni 5G (copertura, numero di utenti, ecc...); proprio come lo sono nelle medaglie alle Olimpiadi.*

Devo dire che questa analogia non è originale. C'è la corsa agli armamenti, quella allo spazio; e, più di recente, il mondo sta ospitando una gara per sviluppare un vaccino contro il coronavirus.

I paesi che partecipano a uno di questi eventi ricevono, ovviamente, un premio importante. Il vincitore della corsa agli armamenti sarebbe in grado di minacciare i nemici con l'annientamento; e il campione della corsa allo spazio sarebbe in prima fila per l'appropriazione del cosmo. Con il primo vaccino contro il coronavirus, un paese potrebbe sperare, oltre a godere del merito scientifico, di avere anche merito in una pronta guarigione di tutto il mondo; con tutto il business correlato.

Ma perché e in che modo una tecnologia di rete è stata elevata a questa élite di combattenti globali?

In un mondo dominato da Internet, la semplice risposta è che i politici sono oggi più consapevoli dell'importanza delle telecomunicazioni che mai. Molti di questi indicano il forte legame tra la disponibilità della banda larga e la crescita del PIL. Alcuni ricordano come i pionieri del 4G abbiano dato vita ad applicazioni che hanno rivoluzionato le industrie globali: come Amazon, Uber, ecc. Molti governi hanno accettato una narrativa ancora più eccitante, prodotta dai sostenitori del 5G. In questa storia - scritta da artisti del calibro di Huawei, Apple, Ericsson e Nokia - il 5G non è semplicemente l'ultima tecnologia di rete. È il carburante essenziale per un mondo di oggetti connessi, dagli elettrodomestici di uso quotidiano ai veicoli stradali e persino ai sistemi d'arma nazionali. Si dice che il vincitore di questa corsa potrebbe ottenere un vantaggio economico e strategico per anni.

Non siamo forse convinti che il 5G sia pensato in questo modo? Ebbene, a giugno, Tom Cotton, senatore americano ed ex soldato, interrogato dai politici britannici sulle ragioni del suo paese per la campagna contro Huawei e ZTE, ha risposto: "Il 5G è un balzo tecnologico centrale per il modo in cui le economie funzioneranno in futuro, e il modo in cui i nostri paesi si proteggeranno. Utilizzare oggi una qualsiasi tecnologia 5G, di una società legata al Partito Comunista Cinese, è come se avessimo fatto affidamento su una nazione antagonista, durante la Guerra Fredda, per costruire i nostri sottomarini o per costruire i nostri carri armati".

Detto ciò, però alcuni esperti di telecomunicazioni non sono convinti che il 5G meriti di assurgere a questa élite di combattenti. Per gli scettici, la guerra del 5G non ha lo stesso prestigio delle gare di armi, spazio o vaccini, perché i premi che esso dà sono molto meno ovvi. I critici più accaniti pensano addirittura che sia una specie di truffa perpetrata da un settore alla disperata ricerca di crescita. E comunque questa guerra appare loro più come una partita di calcetto che un evento olimpico.

Questi critici notano infatti che nei paesi pionieri, né i consumatori né i loro fornitori di servizi hanno visto finora molti vantaggi dal 5G.

In Corea del Sud, circa il 13% delle persone oggi possiede un telefono 5G; posizionando questo paese, quindi, in testa a molti altri paesi per la sua adozione. Eppure, si nota, nonostante i cospicui investimenti, la spesa dei consumatori per servizi mobili non è aumentata.

In Giappone, Takashi Shoji, vicepresidente esecutivo del KDDI, ha parlato di un "enorme senso di crisi" riguardo alla scarsa diffusione del 5G nel proprio mercato (1), dichiarando chiaramente che sul tema non sa che pesci pigliare. E mentre la Cina ostenta grandi numeri per stazioni base e abbonati, ci sono stati pochi segnali che i consumatori cinesi stiano effettivamente utilizzando i servizi 5G. Secondo l'analista locale Wang Changyou (2) inoltre, le app mobili 5G che hanno preso forma, ad oggi, "non sono state accattivanti e non viene indirizzato il mercato di massa". Sì, il 5G appare essere un problema per il mercato di massa: anche nel momento in cui dovesse coprire tutto il territorio nazionale, sarà soggetto infatti a forti limitazioni. Poiché viaggia su frequenze molto alte, ha una portata ridotta che, può essere ulteriormente ostacolata da oggetti di grandi dimensioni e dalla pioggia. Altro limite è rappresentato dalla soglia massima di traffico dati di cui si potrà disporre ogni mese. I GB restano sempre pochi rispetto a quelli illimitati offerti dalle connessioni Adsl o in fibra ottica che oggi entrano nelle nostre case. Possono bastare per chi usa la rete solo per consultare i social o navigare. Ma se si ha intenzione di fare videoconferenze, giocare online o usare una smart TV, il discorso cambia.

Il vero vantaggio sembra quindi essere, oggi, per il cliente aziendale; il quale col 5G ottiene connessioni veloci e garanzie di servizio. il 5G, secondo i suoi sostenitori, è "la connettività perfetta per tutti i tipi di applicazioni aziendali non in mobilità". Ma, a questo punto, i critici ribattono che, nel caso della "non-mobilità", ci sono pochi esempi 5G, del mondo reale, che non possano essere realizzati con fibra, WiFi e 4G. E quindi ciò lascia i sostenitori del 5G a raffigurarne il valore con la semplice assenza di cavi nella fabbrica. Ma basterà questo a giustificarne gli ingenti investimenti? E' difficile immaginare che l'aspetto della mancanza di fili sia stato in cima a qualsiasi elenco di vantaggi che si prospettavano per il 5G diversi anni fa. La chirurgia robotica e le auto a guida autonoma sono invece esempi di servizi propagandati dall'avvento del 5G, ma non pare si stiano realizzando.

Nell'attesa che questi fantascientifici servizi vengano proposti, i tecnologi del 5G hanno inventato il network slicing. Il network slicing è forse ciò di cui i clienti aziendali 5G hanno più bisogno, anche se ancora non se ne sono accorti. Infatti, dal punto di vista commerciale, la domanda che oggi ci si pone sul 5G è se tutta questa velocità e questa poca latenza sia sempre necessaria. Uno dei punti di forza che viene sottolineato per le reti mobili 5G è infatti la capacità di garantire connessioni a larghissima banda e con bassa latenza, anche quando si ha un gran numero di oggetti connessi alla rete. Non è detto però che il profilo più diffuso di utilizzo del 5G sarà sempre così spinto al massimo. Ci saranno casi in cui serviranno banda e latenza, pensiamo ai veicoli a guida autonoma, e altri in cui basta pochissima banda e la latenza non è un problema (molti scenari IoT sono così). Col network slicing il problema è risolto: ogni particolare tipo di applicazione dovrebbe "vedere" una rete configurata nella maniera ottimale per gestire il suo traffico. Con lo slicing questo è effettivamente possibile, anche se la rete che l'applicazione vede è una "slice", una "fetta" virtuale della rete fisica e non quest'ultima nella sua totalità.

E questo potrebbe salvare il 5G; ma ci condurrà, probabilmente, a vederlo non tanto dedicato a far nascere applicazioni rivoluzionarie, ma semplicemente a migliorare la velocità e la latenza del 4G. E a me questo fa ricordare il PCN (Personal Communication Network altrimenti detto DCS 1800), un servizio mobile, ideato 30 anni fa (3), che lavorava su frequenza doppia di quella GSM: doveva rappresentare la rivoluzionaria risposta "personale" alle comunicazioni mobili; idealizzando addirittura dei "chip" messi sotto pelle ai bambini alla nascita. Si finì, come molti sanno, ad utilizzare, semplicemente, la frequenza 1800 Mhz per migliorare le prestazioni del GSM.

Un anno fa il 3GPP ha affermava (5) esplicitamente che "il progetto 5G non è abbandonato, ma l'industria non ne ha davvero bisogno e non è ancora pronta per un sistema mobile di prossima generazione". Ciò non significa, quindi, che il 5G sia destinato a ritirarsi in modo ignominioso; il futuro previsto da USA e Cina, nemici geopolitici, ma in pieno accordo sull'importanza del 5G, è possibile; anche se pare in fortissimo ritardo, mentre molti investimenti sono già stati fatti (es. le frequenze). E' comunque un dato di fatto che il 5G non sia partito al volo e che, magari, sia stato anche fatto inciampare dalla geopolitica in Europa e in altre parti del mondo. Non ultimo a frenarne il decollo, però, c'è il fatto che gli standard non siano in realtà molto aperti e interoperabili. Sembra ad oggi addirittura probabile una sorta di frammentazione degli standard (il 3GPP ha temporaneamente abbandonato i lavori di standardizzazione), mentre, udite, udite, il 6G si sta facendo strada. Inoltre, la pandemia di coronavirus potrebbe ostacolare per anni lo sviluppo di app e l'innovazione dei servizi.

Nessuno ancora, però, dichiara formalmente di voler abbandonare la corsa al 5G, anche se molte scorciatoie meno costose e meno rischiose si fanno avanti, come il 4G LTE-PP (5). L'unico dubbio è se sarà significativo salire sul podio "olimpico" e se ne varrà la pena dal punto di vista economico. Nel frattempo, comunque, il 5G rimane un'enorme distrazione da altre tecnologie esistenti e funzionanti, che richiederebbero, soprattutto in Italia, una maggiore attenzione. Infatti ancora una volta, e questa volta per colpa del coronavirus, ci siamo accorti di essere agli ultimi posti nella digitalizzazione in Europa. Nella Lombardia solo l'11% delle scuole è collegata in fibra ottica (4).

Sarebbe forse opportuno pensare che, prima di fare investimenti nel 5G, dovremmo farli bene nel 4G e nella fibra; senza dedicarci troppo alle partite di calcetto.

RIFERIMENTI

1. https://www.lightreading.com/asia/kddi-feels-crisis-over-low-5g-adoption/d/d-id/762845
2. http://www.c114.com.cn/market/220/a1131022.html
   A questo link trovate l'originale in lingua cinese; traduco i vari capitoli usando "Google traduttore" 1. Sebbene la copertura di rete 5G garantisca velocità, la copertura geografica non è sufficiente 2. Sebbene il prezzo dei terminali 5G si riduca rapidamente, le prestazioni in termini di costi non sono elevate 3.

Sebbene l'innovazione tecnologica del 5G sia elevata, la mancanza di applicazioni è un dato di fatto 4. Sebbene le tariffe 5G siano state ridotte, il target non è comunque il mercato di massa. Se si confronta infatti il valore ARPU degli utenti 4G , i pacchetti 5G non sono affatto convenienti per il grande pubblico.

3. https://people.unica.it/michelenitti/files/2012/04/ST-CM2-GSM-Storia-e-Architettura.pdf
4. https://www.repubblica.it/economia/2020/07/07/news/coronavirus_il_30_per_cento_degli_studenti_ha_avuto_problemi_con_le_lezioni-261209704/
5. 4G LTE-PP :il termine "LTE Pro Plus" segue il concetto di utilizzare onde millimetriche e larghezza di banda cellulare più ampia per l'accesso E-UTRAN con massiccia modulazione MIMO, 1024-QAM già utilizzata nelle ultime varianti WiFi (802.11ax) più il beamforming avanzato; ciò può portare i bitrate 5G promessi agli utenti finali senza la necessità di una nuova tecnologia radio, mantenendo l'infrastruttura di rete esistente e fornendo capacità extra per miliardi di dispositivi NB-IoT e LTE-M. https://apistraining.com/news/end-of-5g/

5. PERCHÉ LA RICERCA SUL 6G INIZIA PRIMA DI AVERE IL 5G

Le industrie non vorrebbero parlare di 6G perché si rischierebbe di diluire il messaggio sul 5G e la capacità di fare soldi con esso; poi hanno sentito che la Cina avrebbe lanciato un programma 6G; e poi anche la Corea. E ora gli atteggiamenti stanno cambiando perché nessuno vuole rimanere indietro: sono tutti tirati per i capelli.

"Voglio 5G, e anche 6G, e voglio che queste tecnologie vengano sviluppate negli Stati Uniti il più presto possibile. Le aziende americane devono intensificare i loro sforzi o rimanere indietro, ma non c'è motivo per cui dovremmo essere in ritardo". Donald J. Trump (@realDonaldTrump) - 21 febbraio 2019. Chissà se con Biden le velleità cambieranno.

Mentre gran parte del mondo si sta ancora chiedendo quanto tempo ci vorrà per ottenere reti 5G su vasta scala, e cosa questa tecnologia potrà significare per le loro vite e le loro economie, un gruppo di ricercatori delle telecomunicazioni sta guardando più avanti, a ciò che viene dopo: il 6G.

Dal 24 al 26 marzo 2018, a Levi, in Finlandia, un gruppo di 250 ricercatori si riunì per uno dei primi vertici globali sullo standard 6G Wireless; per iniziare a porsi le domande più basilari; che sono: cos'è e perché il mondo dovrebbe averne bisogno?

Giusto per capirci: "Non so cosa sia il 6G", ha affermato in un'intervista il dott. Ari Pouttu, professore all'Università di

Oulu in Finlandia. "Nessuno lo sa". E questa è una secca e sincera valutazione da parte dell'uomo che è anche vicedirettore del programma 6G finlandese.

Oulu è un paese situato ai margini del Mar Baltico; circa cinque ore a nord di Helsinki; è importante perché è anche il centro degli sforzi di ricerca sul 5G per merito delle sue connessioni storiche con Nokia; che ha determinato una concentrazione di ricercatori, come Pouttu, che sono stati determinanti nello sviluppo del 5G.

Il 6G, rimarrà indefinito per almeno 10 anni o più in futuro; ma il 6G non è solo fantascienza.

Mi spiego: oggi, le reti 5G stanno appena iniziando a svilupparsi. L'attuale standard 4G LTE dominerà ancora per diversi anni, in quanto i "carrier" delle telecomunicazioni cercheranno per anni ancora di recuperare i loro massicci investimenti su tale infrastruttura. Inoltre, lo sapete che i progetti sulle attuali reti 4G non saranno completamente tutti realizzati e utilizzati fino al 2025?

Nel frattempo gli operatori stanno procedendo, quindi e comunque, con molta cautela con il 5G. Si ricordi: il lancio di 5G sarà molto più costoso di quello del 4G a causa delle brevi distanze che i segnali possono percorrere e della necessità, pertanto, di una maggiore densità di apparecchiature per trasmettere i segnali. I costi di capitale saranno astronomicamente alti, molto più alti che col 4G e i modelli di business che giustifichino questi investimenti sono ancora molto confusi.

Ma c'è bisogno del 5G? Pare di sì, perché quando il 5G diventerà la rete dominante, ci sarà un enorme salto qualitativo rispetto al 4G; salto sensibilmente più elevato dell'evoluzione dalle reti 2G a quelle 3G e 4G. Infatti non solo il 5G promette velocità teoriche di 20 Gbps rispetto al massimo teorico di 1 Gbps per 4G, ma virtualmente non ci sarà latenza e supporterà una maggiore densità di connessioni in un'area più piccola.

Accoppiato con i progressi del cosiddetto "edge computing" che spingerà più intelligenza verso i dispositivi finali, l'era 5G viene pubblicizzata per la sua capacità di abilitare smart cities, fabbriche intelligenti, veicoli autonomi, streaming VR illimitato e altro ancora.

E questo dovrebbe rispondere alla domanda: " Perché abbiamo bisogno del 5G dato che abbiamo il 4G? "

Analogamente: " Perché avremo bisogno del 6G quando avremo il 5G?"

La risposta pare proprio sia: "Non lo sappiamo, ma poiché gli asiatici lo stanno facendo, lo facciamo anche noi!"

I punti di partenza più ovvi sarebbero la velocità e lo spettro. Il pensiero iniziale è che il 6G punterà a velocità di 1 Terabyte al secondo. Per ottenere tali velocità, i segnali dovranno essere trasmessi al di sopra di 1 terahertz, rispetto alla gamma di gigahertz in cui opera il 5G.

Ma operare in tale intervallo nello spettro richiederà progressi nella ricerca sui materiali, nuove architetture di calcolo, progetti di nuovi chip e nuovi modi di accoppiare tutto ciò con le fonti di energia.

Infatti la produzione di energia, e il suo consumo,

incombono come ostacoli enormi, sia in termini di ambiente che di costi. Come possiamo passare a un mondo in cui quasi ogni singolo oggetto prodotto raccoglie, analizza e trasmette costantemente dati senza fonti di energia rinnovabili e garantire che non bruciamo il pianeta nel processo?

Inoltre, mentre l'era del 5G dovrebbe rendere lo smartphone meno un fulcro della nostra vita di quanto lo sia oggi, il 6G pare dovrà essere un'era post-smartphone.

L'idea che oggi dobbiamo portarci appresso un gadget per controllare altri oggetti o comunicare sembrerebbe caratteristica della generazione 4G, evoluta verso il 5G; e terminare con esso.

Il modo in cui consumiamo i dati cambierà col 6G ancora di più. In questo scenario, il rapporto con il nostro operatore non sarà più nell'acquisto di uno smartphone, ma molto probabilmente acquistando una stazione periferica e consentendo a ogni casa o edificio per uffici di divenire il proprio operatore di comunicazione per l'enorme numero di dispositivi e dati che scorre attraverso questo "device" che potrebbe rappresentare la prossima generazione di connettività. Questi acquisti (invece di acquisti di smartphone), tra l'altro, potrebbero essere il modo in cui verrà finanziato il lancio della rete 6G, con intelligenza sufficiente per condividere, comprare e vendere lo spettro a livello di quartiere.

Ogni standard impiega circa un decennio per svilupparsi, e quindi la formalizzazione degli standard 6G ha come obbiettivo il 2020-2090. Il suo gruppo di ricerca prevede che l'uso del 5G venga massimizzato intorno al 2035.

Fantascienza? Mica tanto. Ci sono segni qua e là che lo slancio intorno alla ricerca sul 6G stia iniziando. In pratica, i ricercatori americani sono "tirati per i capelli". Infatti alla fine del 2019, il governo cinese ha annunciato che avrebbe intensificato il lavoro su 6G, con l'obiettivo di dominare il settore entro il 2030. A gennaio, LG ha annunciato la creazione di un centro di ricerca 6G in Corea del Sud.

Nel giugno 2019, poi, la Commissione Federale delle Comunicazioni (FCC) degli Stati Uniti ha annunciato che stava aprendo le gamme "terahertz" per esperimenti sui prossimi standard; 6G in testa.

Questi sviluppi hanno contribuito ad abbattere parte della resistenza a parlare di 6G da parte degli operatori; già molto impegnati col 5G (e col 4G !). Infatti, come detto sopra, gli operatori stanno impiegando enormi somme di denaro nelle loro implementazioni del 5G, e preferirebbero, da un punto di vista dei messaggi di marketing, che i benefici 5G non vengano confusi dal parlare di standard futuri.

In sintesi:: industrie ed operatori non vorrebbero ancora parlare di 6G perché rischierebbero di diluire il messaggio sul 5G, e la capacità di fare ricavi con esso; contemporaneamente, però, vedono che la Cina avrebbe lanciato un programma 6G, e poi anche la Corea. E ora gli atteggiamenti stanno forse cambiando .

6. GLI STUDI SUI DANNI DA RADIAZIONI 5G SONO STATI INFLUENZATI DALLE INDUSTRIE

> *In un appello all'Unione europea (7), oltre 170 scienziati e medici di 36 paesi avvertono del pericolo del 5G, che porterà a un massiccio aumento dell'esposizione involontaria alle radiazioni elettromagnetiche. Gli scienziati sollecitano l'UE a seguire la risoluzione 1815 del Consiglio d'Europa (8), chiedendo una task force indipendente per rivalutare gli effetti sulla salute.*

A maggio del 2019, 170 scienziati emanavano un appello alla UE che affermava "Noi sottoscritti raccomandiamo una moratoria sull'introduzione della quinta generazione mobile; fino a quando i potenziali pericoli per la salute umana e l'ambiente non saranno stati completamente studiati da scienziati indipendenti dall'industria. Si ritiene infatti che il 5G possa aumentare sostanzialmente l'esposizione ai campi elettromagnetici a radiofrequenza (RF-EMF). E' già stato già, infatti, dimostrato come le radiazioni RF-EMF siano dannose per l'uomo e per l'ambiente."

Uno dei promotori dell'appello, il Dr. L. Hardell, professore di oncologia all'Università di Örebro in Svezia afferma: "L'industria delle telecomunicazioni sta cercando di sviluppare e installare una tecnologia che potrebbe avere conseguenze dannose sugli esseri umani. Studi scientifici, sia recenti che prodotti da anni, hanno infatti evidenziato effetti dannosi sulla salute; siamo molto preoccupati che l'aumento dell'esposizione alle radiazioni del 5G porti a danni che non possono essere curati". In particolare, secondo Hardell: "La quinta generazione, 5G, di radiazioni in radiofrequenza, che è in fase di sviluppo e test; viene sviluppata senza una giusta determinazione dosimetrica dei possibili effetti sulla salute".

I media ne hanno una certa colpa: essi sbandierano tutti i vantaggi che questa tecnologia promette di offrire, ma passano sotto silenzio le conseguenze per la salute dell'uomo, delle piante e degli animali. Seguiti in questo atteggiamento dal settore politico. Ma politici, governi e media sono quindi responsabili della diffusione di una informazione "sbilanciata": la gente comune non è informata delle opinioni contrastanti su questo sviluppo tecnologico; (ad esempio quelle riportate nei riferimenti (1) e (2), ma vi sono innumerevoli alti esempi): è solamente informata da rapporti che negano i danni da radiazioni". E queste negazioni potrebbero non essere obbiettive.

Chi redige i rapporti circa i possibili danni alla salute del 5G?

E' oggi ben dimostrato che gli studi sull'impatto sulla salute delle radiazioni elettromagnetiche, fatti in passato, siano stati fatti male e in gran parte influenzati dall'industria. E' anche criticato il fatto che la UE si sia affidata ad un controverso gruppo scientifico per emanare le sue raccomandazioni in merito (v. anche paragrafo 2. sopra)

Infatti, molti scienziati hanno da tempo insistito con la UE sul fatto che fossero condotti studi indipendenti sugli effetti delle radiazioni 5G "per garantire la sicurezza della popolazione". Di conseguenza, hanno chiesto più volte alla Commissione Europea di rimandare l'espansione della rete 5G "fino a quando i potenziali rischi per la salute umana e l'ambiente non siano stati accuratamente studiati da scienziati indipendenti dall'industria".

Ma la UE, invece di istituire una sua task force di scienziati indipendenti, ha dato mandato all'ICNIRP (acronimo di International Commission on Non-Ionizing Radiation Protection) un vecchio gruppo privato, non governativo, di 13 membri, istituito nel 1973, di decidere le linee guida per le radiazioni da 5G.

L'ICNIRP, quindi, ha scritto dei rapporti e emanato raccomandazioni; ma, l' ICNIRP non fa ricerche, raccoglie solo documentazione. E, nel fare ciò, pare abbia raccolto e posto in evidenza solo ciò che essa riteneva giuste teorie: non tenendo in conto la corposa documentazione scientifica che mette in guardia contro i tumori causati dal 5G. Come, ad esempio, questo rapporto molto recente, del gennaio 2020 (3). Ma non è tutto: molte relazioni e opinioni del CNIRP sono state criticate da esperti: la valutazione dei limiti di radiazione RF raccomandati dal ICNIRP appaiono infatti scientificamente inconsistenti. Ciò è stato evidenziato nella Risoluzione 1815 del Consiglio d'Europa, che critica pesantemente questi limiti (4). Ma ciò che è grave, è che appare anche chiaro, e denunciato parecchie volte, che molti membri del ICNRP abbiano conflitti di interesse. Si legga al proposito questo interessante articolo (5) che, tra l'altro, sottolinea il fatto che tutte queste "authorities" e comitati non facciano, appunto, ricerche di per sé, ma si riferiscano semplicemente a studi già fatti; magari superati. A chi ha voglia di approfondire, consiglio poi questo libro (6), relativo all'FCC americana.

Eppure le pressioni sulla UE per indurla a fare chiarezza sono state consistenti: nella interrogazione E-003975/2018, del luglio 2018, Nicola Caputo, europarlamentare del PD chiese alla Commissione, se intendesse istituire una task force europea di scienziati indipendenti e imparziali sui campi elettromagnetici per esaminare i rischi per la salute. Nella sua risposta, la Commissione europea affermò che "ai sensi dell'articolo 168 del trattato sul funzionamento dell'Unione europea, la responsabilità primaria della protezione del pubblico dai potenziali effetti dannosi dei campi elettromagnetici spetta agli Stati membri , compresa la scelta delle misure da adottare in base all'età e allo stato di salute ". Quindi la UE emana direttive e raccomandazioni, affidandosi ad un gruppo privato che è aspramente criticato, non si preoccupa di verificare se le deduzioni siano scientificamente obbiettive, autorevoli e inconfutabili; e poi, non si preoccupa che vengano seguite. Interessante, no ?

"LA COMMISSIONE EUROPEA NON FA NULLA PER PROTEGGERE I PROPRI CITTADINI"

In mancanza di una documentazione completa e aggiornata sulle ricerche svolte per valutare gli eventuali impatti sanitari e ambientali della nuova rete a 5G, è possibile – girando per il web – mettere a confronto una varietà di dati e opinioni, da cui emergono posizioni molto diverse. A molte pubblicazioni i cui autori dichiarano che l'introduzione delle reti a 5G non pongono alcun rischio per la salute, si oppongono tantissimi studiosi, che, come minimo (vi sono, come abbiamo visto, anche sperimentazioni effettuate), si appellano al Principio di Precauzione e ritengono prioritario svolgere altri numerosi test prima di procedere con l'implementazione. Un autore, in particolare, Martin Pall (2018), a conclusione di un lungo articolo, sostiene che "la Commissione Europea non ha fatto nulla per proteggere i cittadini europei, e lo stesso hanno fatto le analoghe istituzioni USA: FDA, EPA and National Cancer Institute. E conclude affermando "L'unico modo per valutare il livello di sicurezza del sistema 5G è di eseguire davvero dei test biologici".

Comunque, nell'attesa di migliori dati, al momento vi sono una quarantina tra città e nazioni che hanno espresso la decisione di bloccare le sperimentazioni per il 5G. L'elenco (9) aumenta costantemente. Ma non rallegratevi: mentre alcune nazioni bloccano, altre vanno avanti (10).

E l'Italia ? Beh, con buona coerenza italica, mentre Roma e Trento, a marzo 2019, cercavano di applicare uno stop alle sperimentazioni, (11), e in seguito anche Firenze, il sindaco Beppe Sala, a fine 2019, celebrava Milano come capitale europea del 5G .

E tutto ciò in barba al Principio di Precauzione dell'UNESCO, che recita:

"When human activities may lead to morally unacceptable harm, that is scientifically plausible but uncertain, actions shall be taken to avoid or diminish that harm."

(The Precautionary Principle (UNESCO) was adopted by EU on 2005)

RIFERIMENTI

1. https://www.jrseco.com/wp-content/uploads/Martin_Pall_PhD_5G_Great_risk_for_EU_US_and_International_Health-Compelling_Evidence.pdf
2. https://www.jrseco.com/eu-reflex-study-shows-dna-damage-caused-by-radiation-from-wireless-devices-and-

mobile-phones/
3. https://www.jrseco.com/wp-content/uploads/Hardell-Nyberg-Appeals-moratorium-5G-for-microwave-radiation-mco.2020.1984_AOP_PDF.pdf
4. https://www.jrseco.com/problems-with-official-icnirp-exposure-limits-for-electromagnetic-radiation/
5. https://www.investigate-europe.eu/publications/how-much-is-safe/
6. https://www.jrseco.com/wp-content/uploads/FCC_captured_agency_Alster.pdf
7. https://www.5gspaceappeal.org/
8. https://www.jrseco.com/council-of-europe-advice-on-health-risks-of-electromagnetic-radiation/
9. https://smombiegate.org/list-of-cities-towns-councils-and-countries-that-have-banned-5g/
10. https://www.lifewire.com/5g-news-4428066
11. https://oasisana.com/2019/03/12/clamoroso-a-roma-e-trento-si-vota-per-fermare-il-5g-non-lo-vogliono-i-5-stelle-notizia-esclusiva-oasi-sana/
12. https://finanza.lastampa.it/News/2019/11/07/sala-society-5-0-la-tecnologia-ha-bisogno-di-visione-a-lungo-termine-/NzlfMjAxOS0xMS0wN19UTEI

CAPITOLO III

COME POLITICA E MEDIA INFLUENZANO SCIENZA E TECNOLOGIA

CI SI DOVREBBE MERAVIGLIARE QUANDO SI VEDONO UOMINI DI SCIENZA ESITARE A RICONOSCERE IL FATTO CHE LA SCIENZA SIA POLITICA. PERCHÉ NON DOVREBBE ESSERLO? FORSE PERCHÉ CONSIDERIAMO LA SCIENZA COME UNO STANDARD PER L'OGGETTIVITÀ E COME SINONIMO DI PAROLE COME "IMPARZIALE" E "RAZIONALE", SEPARANDOLE DALLA NOSTRA CAPRICCIOSITÀ UMANA?

È abbastanza naturale associare queste parole alla Scienza. In realtà, dopotutto, sarebbe difficile trovare un modo più obiettivo del metodo scientifico per scoprire la vera natura dell'universo. Ma c'è un'importante distinzione da fare tra Scienza e metodo scientifico. Usiamo il metodo scientifico per ridurre al minimo i pregiudizi e massimizzare l'obiettività. Questo è ciò che è razionale e imparziale. L'impresa scientifica, invece, non lo è, e non è altro che aggrapparsi a un mito fantasioso il ritenere che lo sia mai stato. La realtà è che impegnarsi nella ricerca scientifica è un'attività sociale e intrinsecamente politica. Finanziare la scienza non è una posizione predefinita quando si lavora per un paese; è una decisione che si prende come società. La scienza è stata collegata alla politica del bene comune da quando la prima persona *ha pensato che fosse una buona idea fare ricerca; e poi ha convinto i suoi vicini a darle i soldi per farlo. La ricerca scientifica non avviene senza i soldi della società, e può quindi avvenire solo con la sua benedizione. In questo modo la scienza è un'istituzione politica de facto, governata dalla società e legata alla sua volontà politica. Diverso però è quando la Scienza, da Politica diventa Partitica. Quando le opinioni degli esperti si scontrano tra di loro non per la ricerca delle verità della Natura, ma per garantire solidità alle opinioni del proprio partito, e magari per conflitti di interessi.*

I media, poi, influenzano la Scienza indirettamente (anzi, meglio, la "ricerca scientifica"): essi infatti recepiscono le informazioni di governo e le comunicano per formare l'opinione pubblica. Quest'ultima pilota, giustamente, l'agenda di governo, che comprende le attività scientifiche.

☐

1. CI SONO INCENDI DI DESTRA E INCENDI DI SINISTRA?

> *L'aumento degli incendi in Brasile ha scatenato, tra il 2019 e il 2020, una tempesta di indignazione internazionale. Celebrità, ambientalisti, media e leader politici hanno incolpato il presidente brasiliano, Jair Bolsonaro, di star distruggendo la più grande foresta pluviale del mondo, l'Amazzonia, che secondo loro, erroneamente (6) rappresenta i "polmoni del mondo".*

Cantanti e attori tra cui Madonna e Jaden Smith hanno condiviso foto sui social media che sono state viste da decine di milioni di persone. "I polmoni della Terra sono in fiamme", ha detto l'attore Leonardo Di Caprio. "La foresta pluviale amazzonica produce oltre il 20% dell'ossigeno nel mondo", ha twittato la stella del calcio Cristiano Ronaldo. "La foresta pluviale amazzonica, " i polmoni del mondo" che producono il 20% dell'ossigeno del nostro pianeta, è in fiamme", ha twittato il presidente francese Emanuel Macron.

Eppure le foto non erano attuali e molte non erano nemmeno dell'Amazzonia. La foto che Ronaldo ha condiviso era stata scattata nel sud del Brasile, lontano dall'Amazzonia, nel 2013. La foto che Di Caprio e Macron hanno condiviso ha più di 20 anni. La foto condivisa da Madonna e Smith è di oltre 30 anni. Alcune celebrità hanno condiviso foto del Montana, dell'India e della Svezia.

A loro merito, la CNN e il New York Times hanno sfatato la veridicità delle foto e di altre informazioni sugli incendi. "La deforestazione non è né nuova né limitata a una nazione", ha spiegato la CNN. "Questi incendi non sono stati causati dai cambiamenti climatici", ha osservato poi il Times .

Ma entrambe le pubblicazioni hanno ripetuto l'affermazione che l'Amazzonia è il "polmone" del mondo. "Oggi l'Amazzonia rimane una fonte netta di ossigeno", ha detto la CNN . "L'Amazzonia è spesso definita come " i polmoni " della Terra, perché le sue vaste foreste rilasciano ossigeno e immagazzinano anidride carbonica, un gas che intrappola il calore che è una delle principali cause del riscaldamento globale", ha affermato il New York Times.

A proposito dei "polmoni" è stato però intervistato da Forbes uno dei maggiori esperti del mondo: Dan Nepstad, (1)(6) che ha seccamente risposto: "Sono fesserie". "Non c'è scienza dietro queste affermazioni. L'Amazzonia produce molto ossigeno, ma utilizza la stessa quantità di ossigeno attraverso la "respirazione" delle piante " . Nepstad è anche autore principale di un recente rapporto del gruppo intergovernativo sui cambiamenti climatici.

Che dire; venne chiesto a Nepstad, in un'intervista, dal New York Times: "Se si perde la foresta pluviale, essa non può essere facilmente ripristinata, l'area diventerà savana, che non immagazzina più carbonio, il che significherà una riduzione della "capacità polmonare del pianeta" ?

Alcune persone – spiega Nepstad - sventolano senza dubbio il mito dei "polmoni" come "pungolo" affinché si faccia qualcosa. Dove il tema è che c'è un aumento degli incendi in Brasile, e che qualcosa deve essere fatto al riguardo; e affermano che siamo in una situazione di eccezionale gravità. Ora: è forse giusto che si debba agire (ma come vedremo, lo stiamo già facendo), ma non è giusto affermare che siamo di fronte ad un evento eccezionale. E' diventato sicuramente un fatto mediatico; e alcuni lo stanno cavalcando per loro interesse politico.

Consideriamo, ad esempio, che per settimane la CNN ha mandato in onda un lungo servizio con un sottopancia: "Gli incendi bruciano a un ritmo record nella foresta amazzonica", mentre un importante giornalista del clima ha affermato : "Gli incendi attuali sono senza precedenti negli ultimi 20.000 anni". Guardate il grafico e rendetevi conto se queste affermazioni siano vere:

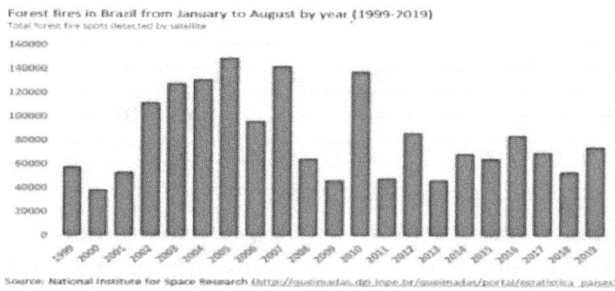

Come si vede queste sono molto probabili non-verità: mentre il numero di incendi nel 2019 è effettivamente superiore rispetto al 2018, è solo del 7% superiore alla media degli ultimi 10 anni, ha affermato sempre Nepstad (vedasi il grafico sopra).

Uno dei principali giornalisti ambientali del Brasile, Leonardo Coutinho, concorda sul fatto che la copertura mediatica degli incendi sia fuorviante dal punto di vista politico. "Infatti fu sotto il Presidente del Partito dei Lavoratori Lula e il Segretario dell'Ambiente Marina Silva (2003-2008) che il Brasile ebbe la più alta incidenza di incendi; ma né Lula né Marina sono furono accusati di mettere a rischio l'Amazzonia e il mondo intero; perché ?"

"Ciò che sta accadendo in Amazzonia non è eccezionale", ha proseguito Coutinho. "Se dai un'occhiata alle ricerche web su Google che hanno cercato "Amazzonia" e "Amazon Forest" nel passato, l'opinione pubblica globale non era così interessata alla "tragedia amazzonica" quando la situazione era innegabilmente peggiore. Il momento presente non giustifica l'isteria globale".

"Ho visto la foto twittate da Macron e da Di Caprio", ha detto Nepstad, " sono menzogne; non si vedono foreste bruciare così in Amazzonia. Gli incendi boschivi dell'Amazzonia sono nascosti dalle chiome degli alberi e aumentano solo durante gli anni di siccità. Ho lavorato a studiare quegli incendi per 25 anni e le nostre reti sul campo monitorano questi fenomeni permanentemente."

Ciò che è aumentato del 7% nel 2019 sono i fuochi della macchia secca e degli alberi abbattuti per l'allevamento del bestiame; come strategia per acquisire la proprietà della terra. Pertanto contro un quadro dipinto dai media di una foresta amazzonica sull'orlo della scomparsa, rimane invece l'80% in piedi. La metà dell'Amazzonia è oggi protetta dalla deforestazione ai sensi di una legge federale.

E non si parla invece molto della lotta alla deforestazione che è oggi, con Bolsonaro, in atto.

"Pochi articoli nella ondata di copertura mediatica scatenata dal G7 hanno menzionato il sensibilissimo calo della deforestazione in Brasile dagli anni 2000", ha osservato l'ex reporter del New York Times Andrew Revkin, che ha scritto un libro del 1990, The Burning Season , sull'Amazzonia, e ora è il fondatore Direttore, Iniziativa per la comunicazione e la sostenibilità presso il The Earth Institute presso la Columbia

University.

La deforestazione è diminuita del 70% dal 2004 al 2012 (3). Da allora è cresciuta modestamente e rimane a un quarto del suo picco del 2004. E comunque solo il 3% dell'Amazzonia è adatto per le culture di soia.

"Non mi piace la narrativa internazionale in questo momento perché è polarizzante, divisiva e ignorante di vari aspetti sociali": c'è ovviamente da avere un grande consenso contro il fuoco accidentale; ma ci sono anche gli interessi degli agricoltori e della popolazione locale, che non è certamente ricca, che debbono essere protetti. Immagina che ti venga detto che ai sensi del Codice Federale della Foresta, puoi usare solo metà della tua terra; saresti contento se la tua famiglia deve mangiare ?"
Nel contempo la pressione internazionale sta alimentando il risentimento tra le stesse persone in Brasile che gli ambientalisti dovrebbero ideologicamente "conquistare" per salvare l'Amazzonia. "Il tweet di Macron ha provocato molto sdegno ha dichiarato Nepstad. "I brasiliani ad esempio vorrebbero sapere perché la California ottiene una grande empatia per i suoi incendi boschivi, mentre il Brasile ha solo un dito puntato ". La gente ignora, ad esempio, che ci sono motivi legittimi per i piccoli agricoltori di usare fuochi controllati per respingere insetti e parassiti".

La reazione di media stranieri, celebrità e politici, verso il Brasile deriva da un romantico anticapitalismo comune tra le élite urbane, affermano Nepstad e Coutinho. "C'è molta ostilità verso l'agroindustria", afferma Nepstad. "Ho avuto colleghi che dicevano:" I fagioli di soia non sono cibo. Cosa mangia tuo figlio? Latte, pollo, uova? Sono tutte proteine provenienti dalla soia che alimenta il pollame".

Ma altri possono avere motivi politici. "Gli agricoltori brasiliani vorrebbero estendere l'accordo di libero scambio UE-Mercosur, ma Macron è propenso a chiuderlo perché il settore agricolo francese non vuole che altri prodotti alimentari brasiliani entrino in Europa", ha spiegato Nepstad.

"L'agroindustria è il 25% del PIL brasiliano ed è l'industria che ha portato il paese fuori dalla recessione", continua Nepstad. "Quando l'agricoltura di soia entra in un paesaggio, tra l'altro, il numero di incendi diminuisce. Le piccole città ottengono denaro per le scuole, il PIL aumenta e le disuguaglianze diminuiscono. Questo non è un settore da battere, è uno con cui trovare un terreno comune".

Nepstad sostiene che sarebbe un gioco da ragazzi per i governi di tutto il mondo sostenere Aliança da Terra (4), una rete di rilevamento e prevenzione incendi che ha co-fondato, che comprende 600 volontari, principalmente indigeni e agricoltori. "Per 2 milioni di dollari all'anno potremmo controllare gli incendi dell'Amazzonia", ha detto Nepstad. "Abbiamo 600 persone che hanno ricevuto un addestramento di prim'ordine dai vigili del fuoco statunitensi, ma ora abbiamo bisogno di camion con l'attrezzatura giusta in modo da poter operare gli opportuni tagli di vegetazione per isolare il fuoco e per evitare ritorni di fiamma."

Importante: affinché tale pragmatismo si affermi, i media dovranno migliorare la loro copertura futura del problema. "Una delle grandi sfide che devono affrontare le redazioni riguardanti questioni emergenti e persistenti complicate come la deforestazione tropicale", ha dichiarato il giornalista Revkin, "è di trovare il modo di coinvolgere i lettori senza istrionismo e focalizzazione politica. L'alternativa è quello che vediamo sempre di più : schiocchi di frusta giornalistici come quello raccontato qui sopra, circa l'Amazzonia (5).

Detto ciò ci si potrebbe chiedere perché vip dell'intrattenimento, media e politici siano caduti in questo passo falso.

Cerchiamo di capire: Madonna, Ronaldo, Del Piero, Di Caprio, Mannoia, ed altri, sono l'armata dal cuoricino verde; pronti a scendere in campo per difendere le foreste ed attaccare i cattivoni populisti, due cose che oggi fanno chic. Ci sono anche personaggi dimenticati, che rispuntano per l'occasione; come l'ex regina attivista anti-global Naomi Klein, che cerca un po' di visibilità non a caso; infatti ha lanciato un libro "il mondo in fiamme". La foga twittarola è talmente forte che neanche si accorgono di star lacrimando su foto di trent'anni fa; dignità bruciata? Che importa, l'importante è ottenere visibilità, vista la forte concorrenza nel mondo dell'intrattenimento. Quindi visibilità, ottenuta spesso a basso costo perché le loro elargizioni, quando ci sono, sono spesso deducibili dalle tasse.

Abbiamo forse quindi "incendi di destra" e "incendi di sinistra" ?

No, la risposta è più semplice individuarla, affermano i politologi, in una manovra politica
del presidente Macron, che ha colto così la possibilità di prendere tre piccioni con una fava.

Il primo piccione è quello di cercare di bloccare le importazioni brasiliane verso UE, usando l'appoggio dell' "ignaro" G7; quelle importazioni che sfavoriscono soprattutto la Francia. "La nostra casa sta bruciando: incendi senza precedenti e incontrollati ". Ha detto Macron, provocando una accensione di animi alla riunione del Gruppo dei Sette in Francia; fuochi che hanno bruciacchiato, e lasciato in condizioni critiche, il trattato di libero commercio firmato, come si diceva, recentemente tra l'Unione Europea e il Mercosur. Macron non ha parlato – ovviamente – del Giappone e della sua predatrice pesca alle balene, della Germania e della sua multinazionale Bayer, proprietaria della Monsanto (da molti accusata di crimini ecologici), e di tutti quei paesi promotori e somministratori di armi che alimentano conflitti come quello dello Yemen, spalleggiano dittature, e martirizzano titta la regione del Medio Oriente.

In un discorso più mediatico che politico, al G7, Macron ha chiamato i cittadini a "rispondere all'appello degli oceani e della selva che sta bruciando", senza dimenticare che per la sua politica coloniale ancora vigente anche la Francia è un paese dell'Amazzonia (per via della Guyana Francese). "Non lanciamo un semplice richiamo, ma una mobilitazione di tutte le potenze riunite a Biarritz" ha detto.

Ma la cosa più importante è che, nell'immaginario collettivo internazionale, ha fatto fare ai paesi del Mercosur (Brasile, Argentina, Paraguay, Uruguay) la figura degli incompetenti sottosviluppati che hanno bisogno della tutela del mondo "civile" per sopravvivere, perché se si lasciano da soli distruggono il pianeta. Forse il presidente francese li vorrebbe commissariare.

Il secondo piccione è stato quello di mascherare il fallimento del G7 da lui organizzato. Non c'è stato accordo su niente: dazi, Cina, Brexit, Iran, Clima: niente. Il fallimento è stato così grave che hanno abolito il comunicato finale. L'opera di 13.000 agenti e 36 milioni di euro buttati al vento;

tutto inutile. E cosa c'è di meglio per nascondere un insuccesso, di una bella indignazione contro un populista? E una bella campagna in difesa dell'Amazzonia.

Il terzo piccione di Macron è stato quello di distogliere l'attenzione dalle sue mancanze proprio sul fronte green. Nelle ultime ore del G7, infatti, un folto gruppo di ecologisti francesi stava andando in giro per la Francia a staccare il ritratto del presidente dai municipi francesi. L'ultimo l'hanno tolto proprio a Barritz.

RIFERIMENTI

1. Dr. Nepstad, President and Founder of Earth Innovation Institute, has worked in the Brazilian Amazon for more than 30 years, publishing more than 160 papers and books on the ecological processes, frontier dynamics and public policies that are shaping the region. INTERVISTA FATTA DA FORBES: "I was curious to hear what one of the world's leading Amazon forest experts, Dan Nepstad, had to say about the "lungs" claim. "It's bullshit," he said. "There's no science behind that. The Amazon produces a lot of oxygen but it uses the same amount of oxygen through respiration so it's a wash." Plants use respiration to convert nutrients from the soil into energy. They use photosynthesis to convert light into chemical energy, which can later be used in respiration "https://earthinnovation.org/about/staff/daniel-nepstad/

2. https://twitter.com/lcoutinho?lang=en

3. https://science.sciencemag.org/content/344/6188/1118

4. https://aliancadaterra.org

5. https://dotearth.blogs.nytimes.com/2008/07/29/climate-research-media-focus-whiplash/ "Schiocco di frusta" è la traduzione letterale del termine giornalistico anglosassone "whiplash". Lo si può assimilare alla sferzata della frusta del cocchiere, in aria; che fa rumore, prende l'attenzione del cavallo, ma è innocua. In termini giornalistici è la capacità dei media di gonfiare una notizia oltre la realtà, ai fini di destare attenzione. In tempi di forte declino dei media tradizionali questa terminologia è sicuramente bene intesa da tutti. Il fatto che sia un termine prettamente anglosassone dà il legittimo sospetto che, anche lì, la stampa, in fondo in fondo, non sia molto obbiettiva.

6. https://www.theatlantic.com/science/archive/2019/08/amazon-fire-earth-has-plenty-oxygen/596923/

2. TECHLASH: I SOCIAL MEDIA SONO ORIENTATI A SINISTRA ?

> *Gli "Oxford Dictionaries" eleggono ogni anno un certo numero di "parole dell'anno"(1). Queste parole diventano, di fatto, neologismi della lingua inglese; ma, mentre per la nostra Accademia della Crusca alcune parole vengono accettate come neologismi "quando si diffondono ed entrano negli usi della lingua per un tempo significativo", per entrare nella lista dell'Oxford Dictionaries ci vuole qualcosa di diverso. La parola deve aver suscitato scalpore a seguito della sua pubblicazione. Il dizionario pubblica anche una motivazione della nomina delle varie parole individuate, ed elenca gli "inventori".*

Avete mai sentito il termine "techlash"? C'è un motivo per cui questa parola è entrata nella shortlist della Parola dell'Anno di Oxford Dictionaries nel 2018.

La menzione si riferiva ad essa come a una "parola che definisce una forte e diffusa reazione negativa al crescente potere e influenza delle grandi aziende tecnologiche; in particolare quelle con sede nella Silicon Valley e in gran parte deve la sua popolarità ai recenti scandali sulla privacy dei dati e alla copertura mediatica che li circonda."

Ma le nuove parole, converrete con me, sono un segno dei tempi; e le preoccupazioni di coloro che criticano, nel merito, aziende come Facebook, Twitter e Google, derivano dalla crescente consapevolezza che l'effetto delle Big Tech sulla nostra vita potrebbe non essere così innocuo come pensavamo una volta. Gli americani sono consapevoli di ciò; e ne sono diventati maniacali.

Facebook, in particolare, il sito di social media che conta un quarto della popolazione mondiale come base di utenti, è stato accusato (5) di usare la manipolazione politica per indurre i suoi utenti a favorire un candidato politico piuttosto che un altro. In particolare di essere, negli USA, prevenuto contro i conservatori. Che Facebook manipolasse i nostri dati, in realtà, lo sapevamo già; ma che addirittura manipolasse le informazioni che ci raggiungono, con filtri e censure, potrebbe essere per molti una novità. In particolare potrebbe essere una novità pensare che i social media, o alcuni di essi sono chiaramente orientati a favorire partiti politici.

Vediamo qualche dettaglio.

Gli americani sono diventati talmente sensibili a questo fatto, che hanno iniziato a fare sondaggi per capirne di più. In un sondaggio denominato "American Barometer Hill.TV" (4) del luglio 2018, è stato rilevato che il 58% degli elettori ritiene che i social media, Facebook in particolare, siano ingiusti nei confronti dei conservatori.

Personaggi noti e attivisti politici repubblicani hanno, infatti, per mesi, accusato Facebook e le cosiddette "grandi aziende tecnologiche" per la tendenza a favorire i "liberal"; in effetti un certo numero di commentatori di alto profilo di destra sono stati banditi dai siti di social media. Nei confronti dei "liberal", invece, queste misure non sono state mai adottate; anche in presenza di post violenti ed altamente offensivi.

Gli alti dirigenti di queste aziende tecnologiche però hanno fortemente negato che esse discriminino deliberatamente i conservatori; ma privatamente molti di questi dirigenti hanno espresso preoccupazione per il fatto di dover ammettere che, nonostante gli sforzi per eliminare notizie false e messaggi diffamatori, i "social" danneggino quasi sempre le opinioni espresse da conservatori.

Come dicevo gli americani sono molto preoccupati di questo fatto e, in risposta a questa presunta censura di sinistra, diversi imprenditori hanno avviato alcuni social media definiti "politically unbiased". A questo link un esempio (2). Finora, tuttavia, non sono riusciti, come c'era da aspettarsi, a sviluppare un vasto pubblico.

Un altro sondaggio nazionale condotto negli USA, nel luglio 2019, dalla Echelon Insights (3) ha rilevato che la maggior parte degli americani ritiene che le principali aziende tecnologiche siano di parte.

Echelon Insights ha condotto questo sondaggio su oltre 1000 elettori casuali negli Stati Uniti per scoprire le loro opinioni su alcune questioni ritenute urgenti come la censura che si riscontra nei social media e la regolamentazione degli algoritmi degli stessi per evitarla.

Il sondaggio è stato effettuato anche in relazione alla proposta del senatore Josh Hawley di "regolare gli algoritmi dei social media per evitare i pregiudizi politici" ed è stata favorita dagli elettori sia repubblicani che democratici.

La domanda di base è stata: "Di recente si è discusso dell'idea che siti Web come Facebook, YouTube o Twitter siano politicamente di parte, e stiano sopprimendo le opinioni con cui non sono d'accordo. Consideri questo un problema?"

Anche qui il 59% degli elettori ha ritenuto che esista un pregiudizio nei social media e che si tratti di un problema. Tra tutti i voti espressi, il 68% dei repubblicani, il 61% degli indipendenti e il 53% dei democratici ha ritenuto che il pregiudizio dei social media fosse un serio problema.

Una semplice panoramica delle risposte a domande circa la censura dei social media, ha poi rivelato che gli elettori che hanno condiviso contenuti politici sono stati quelli che hanno trovato la censura più sensibile rispetto ad altri che condividevano post di carattere generale.

Inutile dire che questi studi hanno rafforzato quindi l'idea dell'esistenza, sempre più crescente, di censura e parzialità da parte dei social media.

Esattamente come nei media tradizionali.

E in Italia?

Alcuni fatti, come la chiusura dei profili Facebook di Casa Pound, e la non-chiusura del profilo del caporedattore RAI Radio1, Fabrizio Salini, su cui pur l'azienda di Viale Mazzini ha avviato un procedimento a causa delle sue parole di odio politico (ADN Kronos), potrebbero farci pensare che anche in Italia si stia avviando un "ostracismo-social" contro la destra.

Non ho abbastanza elementi per giudicare. Faccio però un'osservazione: al paragrafo…evidenzio come anche in Italia, come negli USA, (e in Francia, e in UK) ci sia una certa tendenza dei media tradizionali a "tendere" verso sinistra. Ma dicevo anche che ormai ci siamo abituati e, magari, ci informiamo su altri media.

Il discorso dei social però è diverso:

Essi sono praticamente un monopolio e, se fossero veramente politicizzati, sarebbe un vero guaio per la democrazia.

Mentre i giornali (sicuramente quelli italiani) sono a carattere nazionale, i "social" sono internazionali, con una conduzione piuttosto verticistica, dagli USA. Quello che intendo dire è che, mentre i social media potrebbero prendere, negli USA, decisioni di censura verso le pubblicazioni di post locali (nell'ipotesi che ci sia veramente censura) a seguito di informazioni disponibili in-loco; quelle che volessero prendere in Italia, mi chiedo, con che mezzo le otterrebbero per farsi un'idea su cosa censurare ? Leggendo i nostri giornali ? O usando ingenuamente le chiavi di ricerca ? Si ricorderà che il sig. Caio Giulio Cesare Mussolini, candidato di Fratelli d'Italia, ebbe il suo profilo temporaneamente oscurato (6).

RIFERIMENTI

1. https://languages.oup.com/word-of-the-year/shortlist-2018
2. https://www.idka.com/imagine-a-social-media-platform-with-no-political-bias/
3. https://reclaimthenet.org/social-media-bias-political-survey/
4. https://thehill.com/hilltv/what-americas-thinking/421238-poll-majority-of-americans-think-social-media-companies-are
5. https://time.com/5197255/facebook-cambridge-analytica-donald-trump-ads-data/
6. https://www.repubblica.it/politica/2019/04/08/news/ca

io_giulio_cesare_mussolini_fdi_facebook_oscura_profilo-223545022/

3. DISTURBI DEI MEDIA: LA PRESUNTA PROSSIMITÀ IDEOLOGICA TRA CITTADINI E GIORNALITSTI

> *Luigi Curini, professore associato di Scienza politica all'Università Statale di Milano, e Sergio Splendore, ricercatore nello stesso ateneo, in uno studio dal titolo "The ideological proximity between citizens and journalists and its consequences"(8), hanno mostrato con i dati quanto sia profondo il solco ideologico tra media e persone comuni, tra i concetti veicolati dai giornalisti e le convinzioni delle persone, e quanto questo divario sia all'origine della sfiducia dei cittadini nei confronti della stampa. Detto in parole povere, in Italia i giornalisti sono troppo di sinistra ed è anche per questo che, secondo i sondaggi effettuati da Eurobarometro, la credibilità dei giornali italiani è più bassa della già bassa media europea.*

I due politologi hanno messo in relazione i dati sulle preferenze ideologiche dei giornalisti, ricavati da una specifica ricerca demoscopica, con quelli dei cittadini ricavati dall'Eurobarometro, sfruttando il fatto che in entrambi i sondaggi viene posta la stessa domanda sulla collocazione ideologica lungo un asse che va da sinistra a destra. Il risultato è che "la distribuzione ideologica dei giornalisti italiani appare marcatamente posizionata più a sinistra rispetto a quella degli italiani", hanno scritto gli autori sul sito Lavoce.info.

La logica conseguenza è che, maggiore è la distanza politica tra cittadini e giornalisti, e maggiore è la sfiducia nei confronti della stampa. Inizierò col considerare la situazione negli USA.

La situazione negli USA è da manuale. Se chiedi a un giornalista americano se è schierato a destra o sinistra probabilmente ti dirà che cerca di "stare nel mezzo". Che si sforza di essere "giusto", oppure "centrista".

Ma questo, alla luce di alcuni studi, sembra non essere vero. E il profondo pregiudizio ideologico verso sinistra dei Big Media degli USA è il motivo principale per cui, secondo alcuni, l'America ora sembra satura di "notizie false". Ma, peggio, sembra addirittura che i giornalisti, assillati dalla propria ideologia, non siano più in grado di riconoscere il proprio pregiudizio. Che però è riconosciuto dai lettori.

In questo scritto desidero sottolineare anche un fatto che, a mio parere, dovrebbe essere ancor più sorprendente: LA STAMPA FINANZIARIA (USA) E' DI SINISTRA. E dico che ritengo questo fatto ancor più sorprendente perché, nell'immaginario collettivo storico, la finanza andava a braccetto col capitalismo; e pertanto era sempre stata di destra. Fino a pochi anni fa i giornalisti finanziari mainstream avevano infatti la reputazione di essere i più inclini alla destra e orientati al libero mercato.

Se questo sia mai stato vero in passato, sicuramente non lo è oggi, come suggeriscono recenti studi.

I ricercatori della Arizona State University e della Texas A&M University, a fine 2018, hanno interrogato 462 giornalisti finanziari in tutto il paese; e hanno eseguito poi 18 interviste aggiuntive di approfondimento (1). I giornalisti intervistati lavorano per il Wall Street Journal, il New York Times, il Washington Post, l'Associated Press e numerosi altri giornali.

"CONSERVATORI" NEI MEDIA: IN VIA DI ESTINZIONE

I risultati sono che il 58,47% ammette di essere a sinistra (liberal); il 4,4% a destra (conservative); mentre un altro 37,12% afferma di essere "moderato".

E dov'è quindi finito il mitico giornalista finanziario "conservatore"? Solo lo 0,46% dei giornalisti finanziari si è definito "molto conservatore", mentre solo il 3,94% ha dichiarato di essere "piuttosto conservatore". Per un totale, appunto, del 4,4%. C'è quindi il rapporto di 13 "liberal" per ogni "conservatore".

Sotto un certo punto di vista questo è un fatto singolare e preoccupante. Infatti siamo abituati al fatto che la stampa ordinaria, tutta, sia polarizzata politicamente in un senso o nell'altro e ormai non ce ne preoccupiamo molto: molti sono in grado di discriminare usando una molteplicità di media, Internet compreso, e usando la propria testa. Ma quando si tratta di stampa finanziaria il discorso è diverso; perché tratta di economia e di investimenti, che sono temi altamente tecnici e non alla portata di tutti; anche delle persone più colte, che si affidano loro stesse, quasi sempre, a consulenti.

Questo è un enorme problema per i media - forse più grande di quanto se ne rendano conto. Un sondaggio di Rasmussen Reports alla fine di ottobre 2018 (2) ha rilevato che il 45% di tutti i probabili elettori alle elezioni di medio termine credeva "che quando la maggior parte dei giornalisti scrive di una "corsa" al Congresso, stanno cercando di aiutare il candidato democratico".

Solo l'11% ha affermato che i media avrebbero cercato di

aiutare il repubblicano. E solo il 35% ha dichiarato di ritenere che i giornalisti semplicemente cerchino di riferire le notizie in modo imparziale.

Rasmussen osserva che questo "aiuta a spiegare perché gli elettori democratici siano molto più grandi fan della copertura mediatica delle notizie elettorali rispetto ad altri". La considerano infatti favorevole al loro successo.

MA GLI ELETTORI NON SONO STUPIDI

Ciò non impedirebbe però alle persone di vedere la realtà. Un sondaggio post-elettorale su 1.000 elettori di McLaughlin & Associates (3), infatti, ha rilevato che "una forte pluralità (48%) degli intervistati ritiene che la copertura mediatica sia stata ingiusta e distorta" contro il presidente Trump. Persino il 16% dei democratici era d'accordo con questa affermazione.

Si pensava, dicono gli americani, che era assodato ed accettato, da tempo, che giornalisti e scrittori di "area culturale" condividessero tutti una comune inclinazione intellettuale e quindi avessero maggiori probabilità di essere inclini a sinistra rispetto ad altri giornalisti. Ma questi recenti studi dimostrano che non è vero. La contaminazione del pregiudizio politico ora influenza tutto il giornalismo.

Ma l'orientamento dei media USA non sempre è stato così.

Non è stato sempre così. Uno studio a lungo termine sulle tendenze e gli atteggiamenti dei giornalisti, "The American Journalist in the Digital Age" (4), mostra che la tendenza al liberalismo è andata avanti per anni nel giornalismo. Nel 1971, i repubblicani costituivano il 25,7% di tutti i giornalisti. I democratici erano il 35,5% e gli indipendenti il 32,5%. Circa il

6,3% delle risposte era "altro".

Entro il 2014, l'anno dell'ultimo sondaggio, la percentuale di giornalisti che si identificava come repubblicano si era ridotta al 7,1%, con un calo di 18,6 punti percentuali. Dall'aumentare della parità con i giornalisti repubblicani negli anni '70, oggi i democratici superano i repubblicani di quattro a uno.

Nel frattempo la percentuale di giornalisti che si definiscono "indipendenti" è salita al 50,2%. Nel caso in cui, però, si pensi che il segmento crescente di Indipendenti si qualifichi come "il centro", bisogna forse ripensarci. Indagini ripetute mostrano che gli indipendenti sono generalmente orientati a centrosinistra nelle questioni sociali, ma centristi quando trattano di questioni fiscali e di governance aziendale. Quindi si dovrebbero forse caratterizzare come di "sinistra moderata".

Il lettore se ne sta andando via?

Sembra che ci siano cattive notizie per i giornalisti in generale e cattive notizie per il giornalismo USA in particolare. Perché, mentre gli americani continuano il loro percorso di crescente sfiducia nei media tradizionali, iniziano a cercare alternative. Troveranno forse nuove e più affidabili fonti di notizie? Forse; non lo sappiamo ancora. Ma è tempo che il mainstream giornalistico affronti questo problema. La negazione compiaciuta non è più un'opzione.

E l'Italia?

Ho desiderato, in questo scritto, parlare degli USA perché ivi il numero dei media è molto elevato, e ragionare sui grandi numeri può aiutare a decodificare certi aspetti dei media italiani. Non approfondirò molto, quindi, qui, il tema italiano, lasciando al lettore alcuni link (5)(6) e anche il (7), dove vengono sottolineati alcuni aspetti culturali dei lettori e di declino della stampa in Italia.

Mi piace però ragionare un attimo sull'eventuale orientamento politico della stampa finanziaria italiana. Sappiamo tutti dei bombardamenti giornalieri che hanno coinvolto, nei mesi e negli anni passati, il discorso sul deficit italiano, sullo spread, sulle procedure di infrazione, eccetera. E sappiamo anche che il mondo finanziario (quello degli investimenti istituzionali) non viaggia solo sui fondamentali economici, ma molto sul "sentiment" influenzato anche dai media. Ebbene, per ben due volte, nella storia recente, con la bolla internet e con la crisi dei subprime, il "sentiment" finanziario (non basato su fondamentali) ha causato disastri economici; innescando una grande recessione (da molti considerata la peggior crisi economica dai tempi della grande depressione). E i media finanziari hanno ovviamente una grossa responsabilità della generazione di questo "sentiment"; ad esempio con le loro previsioni. Se i "sentiment finanziari" fossero pilotati da ideologie politiche (o meglio: "partitiche") potrebbero alterare non solo il corso dell'economia, ma, assieme ad esso, anche la nostra vita sociale.

In sintesi, per l'Italia, le deduzioni tratte dai ricercatori che cito all'inizio del paragrafo sono (9) che "la distribuzione ideologica dei giornalisti italiani appare marcatamente posizionata più a sinistra rispetto a quella degli italiani".

La logica conseguenza è che, maggiore è la distanza politica tra cittadini e giornalisti e maggiore è la sfiducia nei confronti della stampa e ciò vuol dire che chi legge i giornali ha una posizione ideologica più simile a quella dei giornalisti, "il che potrebbe condurre a un circolo che si auto-riproduce e si auto-rinforza: ovvero lo iato ideologico con gli italiani non risulta alla fin fine davvero rilevante per il mondo editoriale, perché dopotutto chi legge i giornali ha la stessa visione del mondo che ha chi ci scrive, e così via". Salvo svegliarsi un giorno meravigliati e sorpresi del fatto che gli elettori fanno il contrario di ciò che scrivono i giornalisti; e che comunque i lettori sono la metà di quelli che potrebbero essere. Tra l'altro il dato italiano è ancora più paradossale perché i giornalisti non sono solo ideologicamente schierati più a sinistra della popolazione in generale, ma sono molto più a sinistra anche rispetto ai propri lettori.

RIFERIMENTI

1. https://www.dailywire.com/news/38302/462-financial-journalists-were-asked-their-ashe-schow
2. http://www.rasmussenreports.com/public_content/politics/general_politics/october_2018/voters_think_reporters_trying_to_help_democrats_in_midterm_elections
3. https://mclaughlinonline.com/2019/08/13/newsmax-article-majority-says-trump-still-needed-to-bring-change-but-media-bias-persists/
4. http://archive.news.indiana.edu/releases/iu/2014/05/2013-american-journalist-key-findings.pdf
5. https://www.ilfoglio.it/cultura/2016/11/09/news/la-stampa-e-molto-piu-a-sinistra-dei-cittadini-in-usa-come-in-italia-106462/
6. https://books.google.it/books?id=ay_OYSC1X2EC&pg=PA234&lpg=PA234&dq=%E2%80%9CThe+ideological+proximity+between+citizens+and+journalists

+and+its+consequences%E2%80%9D&source=bl&ots=YeZa7psbxC&sig=ACfU3U0aFHqKLUrxDGM9fmpRModKwWbr-A&hl=it&sa=X&ved=2ahUKEwjW_ZHnrMPkAhUNGuwKHSTVB6cQ6AEwAnoECAgQAQ#v=onepage&q=%E2%80%9CThe%20ideological%20proximity%20between%20citizens%20and%20journalists%20and%20its%20consequences%E2%80%9D&f=false
7. http://www.atlanticoquotidiano.it/quotidiano/crisi-credibilita-stampa-mainstream-categorie-ideologiche-giornalista-collettivo/
8. https://www.researchgate.net/publication/283098790_Why_Policy_Representation_Matters_The_consequences_of_ideological_proximity_between_citizens_and_their_governments
9. http://www.simofin.com/simofin/index.php/cultura/11787-smpa-universita-sinistra

4. I DOCENTI UNIVERSITARI SONO QUASI TUTTI DI SINISTRA?

> *I docenti, come tutti i cittadini, hanno diritto di avere opinioni politiche; il problema, però, negli USA (e in altri paesi), pare nascere quando queste opinioni vengono "spinte" verso gli studenti. Ma soprattutto se queste opinioni tendono tutte, o per la maggior parte, verso un solo partito. In parole povere: la scarsità di docenti con opinioni repubblicane, in molte scuole superiori USA, fa male a tutti, secondo gli americani.*

Supponi di iniziare l'università, negli USA, con un vivo interesse per la fisica e di scoprire rapidamente che quasi tutti i docenti del dipartimento sono di sinistra; ad esempio democratici. Pensi che qualcosa non vada?

E supponi anche, che prima di scegliere fisica, tu ti sia informato sui docenti di musica, chimica, informatica, antropologia o sociologia delle varie università, e abbia riscontrato lo stesso fenomeno. Saresti sorpreso?

Ecco, negli USA accade proprio questo; ma, mentre in altre nazioni che riscontrano lo stesso fenomeno, ci se ne cura poco; negli ultimi anni, invece è cresciuta la preoccupazione degli americani: essi vedono in questo atteggiamento educativo un pericoloso generatore di pregiudizio politico, e quindi sociale. E il rischio di non-progresso.

Nell'estate 2018, Mitchell Langbert, professore associato al Brooklyn College, ha pubblicato uno studio (1) sulle affiliazioni politiche dei membri delle varie facoltà in 51 delle 66 scuole classificate come quelle "più alte" da US News nel

2017. I risultati sono sbalorditivi. (anche se non generano grande sorpresa per molte persone nel mondo accademico USA e non-USA).

I democratici dominano la maggior parte dei campi. In religione, l'indagine di Langbert ha rilevato che il rapporto Democratici / Repubblicani è 70 a 1. In musica, è 33 a 1. In biologia, è 21 a 1. In filosofia, storia e psicologia, è 17 a 1. In scienze politiche, sono 8 a 1.

Il divario si riduce nelle scienze e nell'ingegneria. In fisica, economia e matematica, il rapporto è di circa 6 a 1. In chimica, è di 5 a 1, e in ingegneria è solo di 1,6 a 1. Tuttavia, Lambert non ha trovato campo in cui i repubblicani siano più numerosi dei democratici.

I rapporti variano notevolmente tra i college. Le facoltà di Wellesley, Williams e Swarthmore sono in gran parte democratiche, con rapporti pari o superiori a 120 a 1. Ad Harvey Mudd e Lafayette, i rapporti sono da 6 a 1. Alla US Naval Academy di Annapolis, sono 2,3 a 1; è solo 1,3 a 1 a West Point.

Ma nonostante la variabilità, nessuna delle 51 università aveva più repubblicani che democratici. Secondo il sondaggio, oltre un terzo di loro non aveva affatto repubblicani.

Questi numeri, e altri similari, sono preoccupanti per gli americani per due ragioni:

La prima è che questi dati possono implicare una potenziale discriminazione da parte dei vertici delle istituzioni educative. Alcuni dipartimenti potrebbero, infatti, non essere inclini ad assumere potenziali membri della facoltà a causa delle loro convinzioni politiche (e come sappiamo non è legale discriminare le assunzioni su base politica).

Tale discriminazione potrebbe assumere la forma di svalutazione, conscia o inconscia, di persone le cui opinioni non si adattano alla prospettiva dominante. Ad esempio, un giovane studioso di storia, che dipingesse il New Deal di Franklin Roosevelt sotto una brutta luce potrebbe non ricevere offerte di lavoro in facoltà. E le persone di talento potrebbero quindi non perseguire affatto carriere accademiche, perché si aspettano che i loro professori non apprezzino il loro lavoro.

Il secondo motivo è che gli studenti hanno meno probabilità di ottenere una buona istruzione perché imparano meno l'uno dall'altro, se c'è un'ortodossia politica prevalente. Studenti e docenti potrebbero finire in una specie di bozzolo informativo. Se un dipartimento di scienze politiche è composto da 24 democratici e 2 repubblicani, c'è motivo di dubitare che gli studenti saranno esposti a una gamma adeguata di opinioni.

È vero che in alcuni settori le affiliazioni o orientamenti politici pare contino meno. In chimica, matematica, fisica e ingegneria, gli studenti si ritiene che non debbano preoccuparsi delle affiliazioni di partito dei loro professori. Certo, è ipotizzabile che i professori di chimica democratici vogliano assumere colleghi democratici. Ma sarebbe un po' sorprendente: con ogni probabilità cercano buoni professori che sappiano insegnare bene la chimica. In altre parole: in campi di questo tipo, appare che non vi sia motivo di preoccuparsi che l'omogeneità politica possa dissuadere gli studenti o compromettere lo scambio di idee. Se gli studenti stanno imparando la relatività ristretta o la fisica nucleare, le affiliazioni politiche non appaiono essere rilevanti.

I veri problemi sorgono quindi in materie "culturali", come storia, scienze politiche, legge, filosofia e psicologia, dove la prospettiva politica del professore potrebbe fare la differenza. E se la presenza di accademici è distorta lungo linee ideologiche unitarie, c'è il pericolo che possano trasmettere tale distorsione (se distorsione c'è) ai loro discepoli. Il convincimento di questi docenti, potrebbe essere che coloro che hanno idee politiche conservatrici non sono destinati a servire bene nessuno.

I dati evidenziati rendono, quindi, inconfondibilmente chiari due punti che, a parere del ricercatore, dovrebbero essere perseguiti.

In primo luogo, coloro che insegnano nei dipartimenti privi di diversità ideologica dovrebbero avere comunque l'obbligo di offrire opinioni contrastanti alle loro, e di presentarle in modo equo e rispettoso. Un filosofo politico, ad esempio, che tende a sinistra, dovrebbe essere disposto e in grado di chiedere agli studenti di pensare alla forza dell'argomento dei mercati liberi, anche se questi producono molta disuguaglianza.

In secondo luogo, coloro che gestiscono dipartimenti privi di diversità ideologica hanno l'obbligo di trovare persone che rappresentino punti di vista in competizione: oratori in visita, professori in visita e nuovi assunti. Studenti e insegnanti non dovrebbero vivere in "bozzoli informativi" (sic!).

John Stuart Mill (3) ha affermato: "È impossibile sopravvalutare il valore di mettere in contatto gli esseri umani con persone dissimili da loro e con modalità di pensiero e di azione diverse da quelle con cui hanno familiarità. Tale comunicazione è sempre stata, ed è, particolarmente nell'era attuale, una delle principali fonti di progresso. "

E IN ITALIA ?

Se si naviga in rete ci accorgiamo che il problema c'è anche da noi: si va dal professore di Verona che dice allo studente di destra, minacciando: "ci rivedremo all'esame…"; a quello di Fiorenzuola che dice le stesse cose, ma dallo schieramento opposto; alle denunce di discriminazioni nell'assunzione di docenti; ai vari tentativi di capire "perché gli insegnanti sono tutti di sinistra"; e così via. Ma non c'è alcun tentativo, mi pare, di evidenziare dati, problematiche e soluzioni.

C'è però un articolo di Repubblica.it (2) del 2010, dal titolo accattivante: "Perché la maggioranza dei docenti universitari (e dei giornalisti) è di sinistra". Il lettore ingenuo può pensare che si parli dell'Italia; ma non parla dell'Italia: parla solo degli USA, citando un altro studio statistico; ma riferendo una interessante osservazione secondo cui ci si dovrebbe chiedere "perché quelli di sinistra vogliono tutti fare gli insegnanti".

La risposta al quesito è sconcertante: " tutto dipende dal typecasting, ovvero dall'idea che si forma nella nostra mente, sulla base delle convenzioni e degli stereotipi sociali, di chi fa una certa professione. L'immagine di un docente universitario, specie in campo umanistico, richiama alla mente quanto segue: giacca di tweed, pipa, occhiali, erudizione, secolarismo e idee politiche progressiste, ossia liberal, come si dice in America. E questa immagine influenza i giovani al momento di scegliere che carriera fare".

Pochi mesi fa Curini ha pubblicato una ricerca simile sulle idee politiche dei docenti universitari, dal titolo "Experts' political preferences and their impact on ideological bias". Anche in quel caso i dati dicevano che la stragrande maggioranza degli studiosi intervistati è di sinistra.

E se questa è una caratteristica comune nelle democrazie occidentali, cioè che l'élite accademica tenda ad essere progressista, la peculiarità dei professori italiani, secondo il ricercatore, è che nel mondo sono quelli più a sinistra di tutti.

RIFERIMENTI

1. https://www.nas.org/academic-questions/31/2/homogenous_the_political_affiliations_of_elite_liberal_arts_college_faculty
2. http://franceschini.blogautore.repubblica.it/2010/03/07/perche-la-maggioranza-dei-docenti-universitari-e-dei-giornalisti-sono-di-sinistra/
3. The English philosopher and economist John Stuart Mill (1806-1873) was the most influential British thinker of the 19th century. He is known for his writings on logic and scientific methodology and his voluminous essays on social and political life.

CAPITOLO IV

LA POLITICA CONTINUERA' A INFLUENZARE LA SCIENZA?

MOLTE DELLE QUESTIONI SCIENTIFICHE PIÙ IMPORTANTI SONO POLITICHE. GLI STESSI SCIENZIATI RITENGONO CHE LA "CONSULENZA SCIENTIFICA" DOVREBBE ESSERE LA CHIAVE PER UNA BUONA POLITICA PUBBLICA. SPERANO INFATTI CHE I RISULTATI DELLE LORO RICERCHE CONVINCANO COLORO I QUALI SONO RESPONSABILI DELLE DECISIONI.

Da tener presente che un sistema democratico crea una moltitudine di fonti di influenza e di informazione politica. La consulenza scientifica è solo una parte dell'agenda politica. Ad esempio, il dibattito sulla ricerca sulle cellule staminali coinvolge considerazioni etiche oltre che scientifiche, secondo molti. Parlamento e Governo, inoltre, lavorano in ruoli diversi da quello scientifico e non possono confondersi. L'attenzione, però, devçe essere posta nel pretendere che i dibattiti tra Scienza e Politica siano tenuti per il bene del paese e dei cittadini e non rivestano fini "partitici".

Come vedremo nel prossimo capitolo, il futuro sarà sempre più complesso, sia per la Scienza, che per la Politica. Ci sono infatti altri dibattiti all'orizzonte che potrebbero segnare i prossimi 20 anni di relazione scienza-politica, poiché le scoperte scientifiche forniscono progressi nella nanotecnologia, nella genetica, nei sensori, nell'Intelligenza Artificiale, nei Big Data , nella robotica, nella sorveglianza e in altre aree della vita che solleveranno implicazioni sociali ed etiche e, di conseguenza, questioni politiche.

I responsabili politici continueranno quindi a risolvere le rivendicazioni e le esigenze politiche concorrenti oltre a dibattere sulle prove scientifiche per fare e attuare la politica pubblica. E dovranno farlo ascoltando tutte le opinioni scientifiche, non solo quelle sponsorizzate per questioni ideologiche.

Il possibile dilemma è se sia inevitabile che l'intrusione politica possa crescere e disturbare la scienza. La risposta è che "è inevitabile"; e non solo per il semplice fatto che la disponibilità di risorse per la ricerca sia fondamentale per la Scienza; ma perché la Scienza sarà sempre più complessa e perché sempre più complesse saranno le nostre regole sociali. La nostra Cultura si deve evolvere di conseguenza; la legge dell'Entropia può aiutarci forse a capire le sempre maggiori confusioni che si genereranno.

1. RIPENSARE IL RAPPORTO TRA POLITICA E SCIENZA; E TRA CULTURA E TECNOLOGIA

> *L'epoca che viviamo non è la prima, nella storia del mondo, in cui ci sono grandi gruppi di persone che attaccano i singoli scienziati a causa delle loro opinioni scientifiche.*

Il coinvolgimento degli scienziati in questioni così cariche di dibattiti, a volte, ha portato a un migliore processo decisionale; ma oggi potrebbe anche essere costato agli scienziati parte del sostegno bipartisan di cui godevano.

Pur riconoscendo che pochi responsabili politici hanno una profonda esperienza scientifica, non è necessario essere uno scienziato professionista per comprendere i rudimenti della scienza. E quindi, anche per questo motivo, è accettabile (anzi, auspicabile) che i politici si coinvolgano in temi scientifici; con il sussidio di coloro che di scienza ne capicono di più.

L'obbiettivo dei politici dovrebbe essere infatti anche quello di equipaggiare e responsabilizzare i non scienziati per affrontare le questioni scientifiche; per comprendere i vantaggi di questo modo di pensare empirico, e per sviluppare un rispetto per le prove e la capacità di gestire le prove da soli.

Il dibattito scienza-politica è oggi cambiato poiché i responsabili politici sono diventati meno isolati dall'opinione pubblica. La scienza è un modo di vedere che ci fornisce fatti. Quello che facciamo con questi fatti è però profondamente politico. Determinare se l'inquinamento danneggia le persone è una questione di indagine scientifica, ma decidere cosa fare in risposta a quei dati è politica. Chi usa l'acqua e la terra e come? Queste non sono domande scientifiche, sono questioni politiche. Diamo valore alla sicurezza dei nostri cittadini o ai profitti delle nostre società? Qual è l'equilibrio tra queste due cose? Anche queste sono questioni politiche.

COME SI PUÒ CONCILIARLE? PROBABILMNTE RIVEDENDO IL RAPPORTO TRA CULTURA E TECNOLOGIA.

IL PROGRESSO TECNICO E' PROGRESSO UMANO?

Il paradigma oggi prevalente sembra riguardare il progresso tecnico, non il progresso umano; e i due non sono necessariamente sinonimi.

Tutti i tipi di *gadget* a nostra disposizione vengono inventati e utilizzati per soddisfare esigenze individuali. Ma l'assunto di base è errato: ci avviciniamo a presumere, spesso ed erroneamente, che una visione del mondo tecnologicamente fluente, possa spiegare tutte le distinte sfumature culturali e individuali; e rappresentarle in modo accurato e significativo; forse persino sostituirle.

Affinché la tecnologia funga da utile supporto alle interazioni umane, all'espressione artistica e all'arricchimento culturale, dobbiamo forse tornare al tavolo da disegno: ripensare e progettare strumenti innovativi; ma secondo principi sociali. Infatti, la mia impressione è che, invece di esigere che le nostre menti creative producano tecnologia incentrata sull'uomo, abbiamo accettato di diventare umani incentrati sulla tecnologia.

È giunto forse il momento per menti politiche coraggiose e liberi pensatori, di studiare, interrogare, sfidare e ridefinire rigorosamente i progressi in termini più sociali e culturali. Il futuro della civiltà dipende anche da questo; e sarà sempre più complesso, come vedremo nel prossimo paragrafo.

RIFERIMENTI

1. https://www.pinterest.it/muhammadannan/calligraphy-nastaliq/
2. https://www.theglobeandmail.com/life/humanity-takes-millions-of-photos-every-day-why-are-most-so-forgettable/article12754086/
3. https://harvardmagazine.com/2013/11/the-power-of-patience#article-images
4. https://www.theglobeandmail.com/authors/ian-brown/

www.ingramcontent.com/pod-product-compliance
Lightning Source LLC
Chambersburg PA
CBHW070658220526
45466CB00001B/494